Fritz Kammermeyer / Roland Zerpies



# Besser in Mathematik

## Gymnasium

Mit 24 S. Lösungsheft

5. Klasse

Cornelsen
SCRIPTOR

Die Autoren:
Fritz Kammermeyer ist Lehrer für Mathematik und Physik an einem Gymnasium sowie Schulbuchautor und Seminarlehrer für die Ausbildung in Mathematik.
Roland Zerpies ist Lehrer für Mathematik, Physik und Psychologie an einem Gymnasium sowie zentraler Fachberater und Seminarleiter für die Ausbildung in Schulpsychologie.

**www.cornelsen.de**

**Bibliografische Information:**
Die Deutsche Bibliothek verzeichnet diese Publikation in der Deutschen Nationalbibliografie; detaillierte bibliografische Daten sind im Internet über http://dnb.ddb.de abrufbar.

Dieser Band folgt den Regeln der deutschen Rechtschreibung, die seit August 2006 gelten.

| | | | | | |
|---|---|---|---|---|---|
| 5. | 4. | 3. | 2. | 1. | Die letzten Ziffern bezeichnen |
| 12 | 11 | 10 | 09 | 08 | Zahl und Jahr der Auflage. |


Projektleitung: Stefan Giertzsch, Berlin
Redaktion: Cornelia Brinkmann, Berlin
Reihengestaltung: tiff.any GmbH, Berlin
Satz und Layout: Dagmar & Torsten Lemme, Berlin
Illustrationen: Böcking-Gestaltung, Bochum
Umschlagentwurf: Patricia Müller, Berlin
Druck und Bindearbeiten: orthdruk, Bialystok, Polen
Printed in Poland
ISBN 978-3-589-22660-3

Gedruckt auf säurefreiem Papier,
umweltschonend hergestellt aus chlorfrei gebleichten Faserstoffen.

Liebe Schülerin, lieber Schüler,

dieser Band der Reihe Besser in Mathematik hilft dir, deine Kenntnisse im Fach Mathematik zu verbessern. Du kannst gezielt Stoff nachholen und wiederholen, um sicherer zu werden!
Zu allen Bereichen des Mathematikunterrichts sind kleine Aufgaben angeboten, mit denen du selbstständig arbeiten kannst.
Die Schwerpunkte sind:

- ▷ Definitionen und Regeln kennen und anwenden,
- ▷ Aufgaben strukturieren und strategisch bearbeiten,
- ▷ Diagramme und Formeln erstellen und interpretieren,
- ▷ Zusammenhänge begründen und überprüfen.

Die Texte und die Aufgaben in diesem Buch sind so ausgewählt und zusammengestellt, dass dir die Bearbeitung möglichst leichtfällt.

**Tipps**

- ▶ Lege dir ein **eigenes Arbeitsheft** zu, in das du schreibst.
- ▶ Bist du dir beim Lösen der Übungsaufgaben nicht ganz sicher, sieh dir die Beispiele noch einmal genau an.
- ▶ Vergleiche deine Ergebnisse mit dem Lösungsheft. Überprüfe bei Fehlern immer genau, was du falsch gemacht hast. Verbessere Fehler.
- ▶ Am Ende eines jeden Kapitels kannst du in einem kleinen Test überprüfen, ob du den Stoff nun beherrschst. Wenn nicht, bearbeite die entsprechenden Aufgaben in einigen Tagen noch einmal.

Viel Spaß und Erfolg beim Lernen!

# 1 GRÖSSEN UND DATEN

**Was du am Ende des Kapitels kannst:**

- ▷ Größen umwandeln, schätzen und runden
- ▷ mit maßstäblichen Darstellungen umgehen
- ▷ Umrechnungen zum Maßstab ausführen
- ▷ Daten sammeln und in Tabellen und Diagrammen aufbereiten
- ▷ Informationen aus Diagrammen entnehmen und damit argumentieren

## 1.1 Geld, Masse, Länge und Zeit

### Erinnere dich!

Eine **Größe** besteht aus **Maßzahl** und **Einheit.**
Wie lauten die Umrechnungszahlen bei Euro - Cent, Meter - Zentimeter, Kilogramm - Gramm, Stunde - Minuten?

### Umwandeln von Einheiten

Geld: Die Grundeinheit ist 1 Euro (1 €).
Weitere Einheit: Cent
1 € = 100 Cent

Länge: Die Grundeinheit ist 1 Meter (1 m).
Weitere Einheiten: Kilometer (km), Dezimeter (dm), Zentimeter (cm), Millimeter (mm).

| | | | | |
|---|---|---|---|---|
| 1 km = | 1 000 m = | | | 1 000 000 mm |
| | 1 m = | 10 dm = | 100 cm = | 1 000 mm |
| | | 1 dm = | 10 cm = | 100 mm |
| | | | 1 cm = | 10 mm |

Masse: Die Grundeinheit ist 1 Kilogramm (1 kg).
Weitere Einheiten: Tonne (t), Gramm (g), Milligramm (mg)

| | | | |
|---|---|---|---|
| 1 t = | 1 000 kg = | 1 000 000 g | |
| | 1 kg = | 1 000 g = | 1 000 000 mg |
| | | 1 g = | 1 000 mg |

Zeit: Die Grundeinheit ist 1 Sekunde (1 s).
Weitere Einheiten: Minute (min), Stunde (h), Tag (d), Jahr (a)

| | | | | |
|---|---|---|---|---|
| 1 a = 365 d = | 8 760 h = | 525 600 min = | 31 536 000 s |
| 1 d = | 24 h = | 1 440 min = | 86 400 s |
| | 1 h = | 60 min = | 3 600 s |
| | | 1 min = | 60 s |

Beispiele:

| | |
|---|---|
| 2 kg 75 g = 2 000 g + 75 g = 2 075 g | Wandle die größere Einheit um und addiere. |
| 3 450 m = 3 000 m + 450 m 3 km 450 m | Spalte Vielfache von 1 000 m = 1 km ab und wandle um. |

**1 Wandle in die angegebene Einheit um.**

a) 12 € [Cent] b) 2 m [cm] c) 3 kg [g]
d) 25 t [kg] e) 13 km [m] f) 170 mm [cm]

**2 Wandle in die kleinste vorkommende Einheit um.**

a) 2 € 5 Cent b) 4 t 350 kg c) 14 kg 50 g
d) 5 km 35 m e) 12 m 5 cm f) 4 m 7 cm 3 mm

**3 Wandle in die angegebene Einheit um.**

a) 2 h [min] b) 5 min [s] c) 5 d [h]
d) 4 h 35 min [min] e) 12 min 36 s [s] f) 1 h 27 min 52 s [s]

**Merke**

Größen können auch in Kommaschreibweise angegeben werden.
Beim Umwandeln helfen **Einheitentafeln.**

| km | | | m | | | dm | cm | mm | Kommaschreibweise |
|---|---|---|---|---|---|---|---|---|---|
| | | 2 | 8 | 7 | 0 | | | | 2 870 m = 2,87 km |
| | | | | | | 1 | 3 | 7 | 137 mm = 13,7 cm = 1,37 dm |
| | | | | | 0 | 0 | 9 | 5 | 95 mm = 9,5 cm = 0,095 m |

Ggf. müssen Nullen ergänzt werden.

| t | | | kg | | | g | | | mg | | | |
|---|---|---|---|---|---|---|---|---|---|---|---|---|
| | | 2 | 5 | 0 | 0 | | | | | | | 2,5 t = 2500 kg |
| | | | | | 2 | 6 | 7 | 5 | | | | 2,675 kg |
| | | | | | | | 2 | 7 | 8 | 5 | 0 | 27,85 g |

**4** **Ergänze je zwei mögliche Schreibweisen (mit und ohne Komma).**

| km | | | m | | | dm | cm | mm | Ergebnis |
|---|---|---|---|---|---|---|---|---|---|
| | | | | 2 | 4 | 5 | | | |
| | | 1 | 7 | 5 | | | | | |
| | | | | | | 1 | 2 | 6 | |
| | | | | 1 | 3 | 8 | | | |
| | | | | | 1 | 0 | 7 | 8 | |

# Besser in Mathematik

## Lösungsheft
Gymnasium

5. Klasse

Cornelsen
SCRIPTOR

# 1 GRÖSSEN UND DATEN

## 1.1 Geld, Masse, Länge und Zeit

**Übung 1**

a) 1 200 Cent  b) 200 cm  c) 3 000 g
d) 25 000 kg  e) 13 000 m  f) 17 cm

**Übung 2**

a) 205 Cent  b) 4 350 kg  c) 14 050 g
d) 5 035 m  e) 1 205 cm  f) 4 073 mm

**Übung 3**

a) 120 min  b) 300 s  c) 120 h
d) 275 min  e) 756 s  f) 5 272 s

**Übung 4**

| km | | | m | | | dm | cm | mm | Ergebnis |
|---|---|---|---|---|---|---|---|---|---|
| | | | | 2 | 4 | 5 | | | 24,5 m = 245 dm |
| | | 1 | 7 | 5 | | | | | 1,75 km = 1 750 m |
| | | | | | | 1 | 2 | 6 | 12,6 cm = 126 mm |
| | | | | 1 | 3 | 8 | | | 13,8 m = 138 dm |
| | | | | | 1 | 0 | 7 | 8 | 1,078 m = 1 078 mm |

**Übung 5**

a) 205 Cent  b) 7 Cent  c) 105 cm
d) 3 850 m  e) 2 070 g  f) 235 cm

**Übung 6**

a) 57 m  b) 2,2 dm  c) 25 mm
d) 500 g  e) 5 700 mg  f) 30 kg

**Übung 7**

a) 2,35 m  b) 4,05 m  c) 0,380 km
d) 0,450 t  e) 2,350 kg  f) 30,050 g

**Übung 8**

a) 356 500 mg = 0,3565 kg
b) 1 350 500 g = 1,3505 t
c) 237,5 mm = 2,375 dm
d) 173,5 cm = 1,735 m
e) 2,5 dm = 0,000 25 km
f) 2 357,5 dm = 0,235 75 km

**Übung 9**

a) 90 min  b) 12 h  c) 75 s
d) 182,5 d  e) 900 s  f) 2,25 h

## 1.2 Schätzen und Runden

**Übung 1**

a) 13 €  b) 3 €  c) 3 €
d) 2 t  e) 2 kg  f) 3 g

**Übung 2**

a) 3 m  b) 24 cm  c) 1 km
d) 36 g  e) 1 g  f) 3 h

**Übung 3**

a) Individuelle Lösung. Z. B. 2 h · 7 = 14 h
b) 3 400 000 Einwohner, 6 Jahrgänge sind etwa ein Zehntel der Bevölkerung, also 340 000
c) Individuelle Lösung. Z. B. 900 : 12 = 75
d) Z. B.: 1,6 m · 0,5 m · 0,3 m = 0,24 $m^3$ = 240 l
e) Individuelle Lösung. Z. B. 60
f) Z. B. Länge 100 m, Breite 70 m

**Übung 4**

a) Die Stadt Berlin hat ca. 3 400 000 Einwohner.
b) Der ICE fährt um 15:37 Uhr in Frankfurt ab.

c) Die Kontonummer lautet 135 647 248.
d) Zum Bundesligaspiel des FC Bayern werden ca. 56 000 Zuschauer erwartet.
e) Die Stadt Nürnberg hat ca. 1 582 000 000 € Schulden.

## 1.3 Maßstab

### Übung 1
a) 1 m  b) 1 km  c) 150 m  d) 200 km

### Übung 2
a) 1 km  b) 10 km  c) 1 750 m  d) 1 000 km

### Übung 3
a) 5 cm  b) 18 cm  c) 7 cm  d) 24 mm

### Übung 4
a) 1 : 100 000  b) 1 : 5 000
c) 1 : 50 000 000  d) 1 : 160

### Übung 5

| | |
|---|---|
| Autokarte | 1 : 250 000 |
| Europakarte | 1 : 15 000 000 |
| Stadtplan | 1 : 15 000 |
| Wanderkarte | 1 : 50 000 |
| Weltkarte | 1 : 40 000 000 |
| Wohnungsplan | 1 : 100 |

### Übung 6
a) Eiffelturm (ohne Antenne) 300 m in Wirklichkeit, im Legoland 15 m hoch.
b) Golden Gate Bridge ≈ 2 737 m lang in Wirklichkeit, im Legoland 137 m lang.
c) Das höchste Hochhaus der Erde: Burj Dubai (2008 noch im Bau) ≈ 819 m in Wirklichkeit, im Legoland 41 m hoch.

### Übung 7
a) In der Karte 8,5 cm, in Wirklichkeit 1,7 km.
b) In der Karte ca. 12 cm, in Wirklichkeit 2,4 km.
c) Umfang in der Karte ca. 22,5 cm, in Wirklichkeit 4,5 km. Benötigte Zeit: 45 min.
d) Länge in der Karte ca. 6 cm, in Wirklichkeit ca. 1,2 km. Geschwindigkeit: $3{,}6\,\frac{\text{km}}{\text{h}}$.

## 1.4 Sammeln und Darstellen von Daten

### Übung 1
Individuelle Lösungen

### Übung 2
Figurendiagramme sind sehr anschaulich, setzen aber ganze Zahlen und kleine Zahlen voraus.
Säulen-, Balken- und Strichdiagramme ermöglichen ein genaues Ablesen.
Strichdiagramme sind schneller zu zeichnen als Säulen- und Balkendiagramme.

### Übung 3
a)

| Alter | 9 J. | 10 J. | 11 J. | 12 J. |
|---|---|---|---|---|
| Anzahl | 3 | 12 | 8 | 2 |

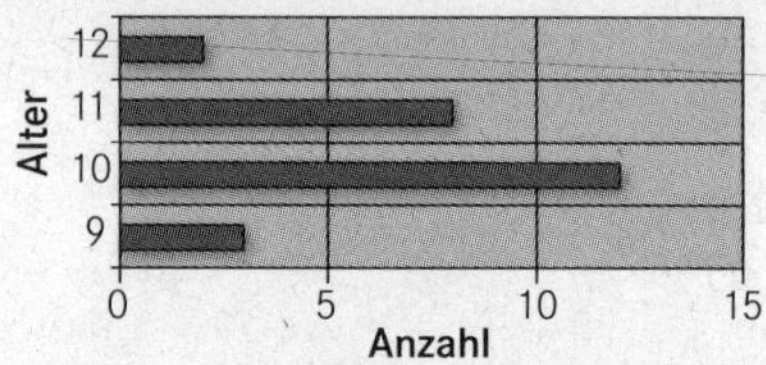


b)

| Haustier | Meerschwein | Hund | Katze | Vogel |
|---|---|---|---|---|
| Schülerzahl | 7 | 5 | 4 | 3 |

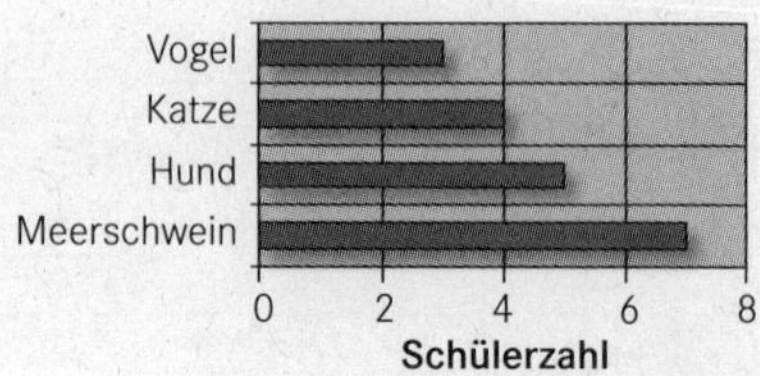


c)

| Sport | Fußball | Tennis | Tischtennis | Handball | Schwimmen |
|---|---|---|---|---|---|
| Schülerzahl | 24 | 8 | 7 | 5 | 4 |

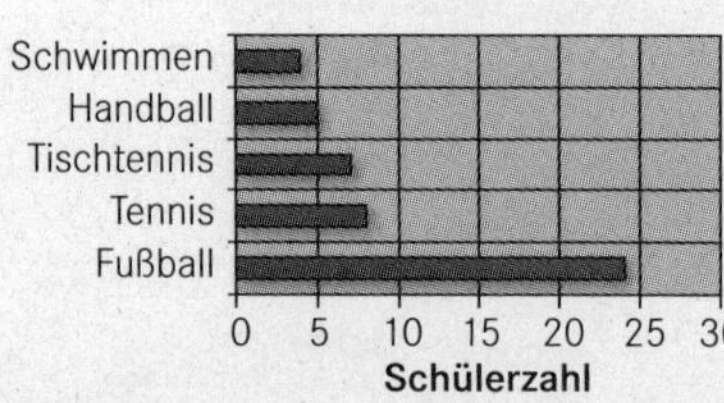


Mehrere Schüler der Klasse haben mehr als eine Sportart. Sie werden mehrfach gezählt.

### Übung 4

a) Einwohnerzahlen der fünf Kontinente

| Kontinent | Einwohnerzahl in Millionen |
|---|---|
| Afrika | 800 |
| Amerika | 824 |
| Asien | 3684 |
| Australien | 31 |
| Europa | 728 |

Einwohnerzahl in Millionen

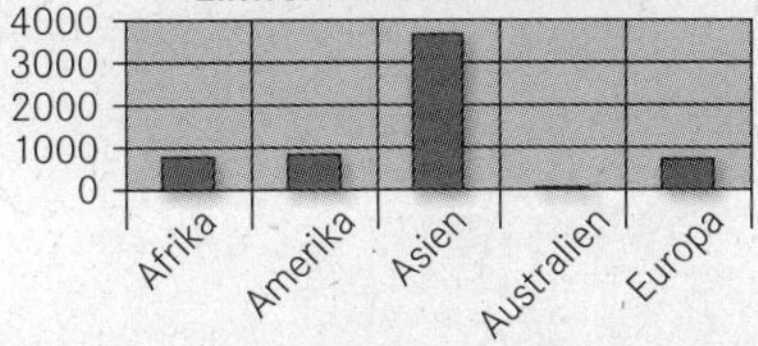


b) Flächengröße der fünf Kontinente

| Kontinent | Fläche in Mio. km² |
|---|---|
| Afrika | 30 |
| Amerika | 42 |
| Asien | 44,5 |
| Australien | 8,5 |
| Europa | 10 |

Fläche in Millionen km²

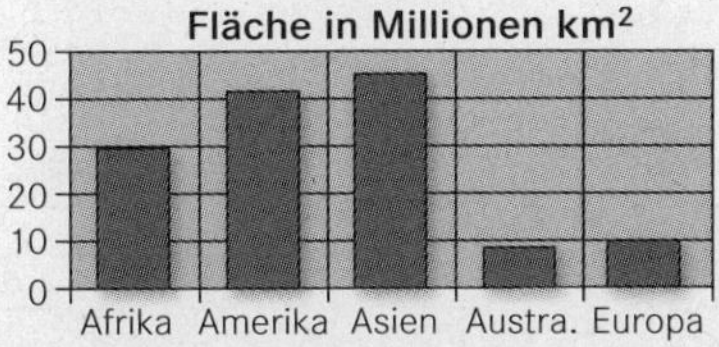


Die kleinen Werte sind in den Diagrammen kaum sichtbar.

### Übung 5

a)

| Zahl der Geschwister | 0 | 1 | 2 | 3 | 4 | 5 |
|---|---|---|---|---|---|---|
| Zahl der Schüler | 7 | 9 | 5 | 3 | 0 | 1 |

Am häufigsten haben Schüler einen Bruder oder eine Schwester.
Weniger als die Hälfte der Schüler hat zwei oder mehr Geschwister.
Sieben Schüler sind Einzelkinder.

b)

| Taschengeld | 0 € | 1 € | 2 € | 3 € | 4 € | 5 € |
|---|---|---|---|---|---|---|
| Anzahl | 1 | 1 | 3 | 0 | 4 | 8 |
| Taschengeld | 6 € | 7 € | 8 € | 9 € | 10 € | >10 € |
| Anzahl | 0 | 3 | 1 | 0 | 3 | 1 |

Nur ein Schüler hat mehr als 10 € Taschengeld.

Am häufigsten erhalten die Schüler 5 €. Über die Hälfte der Schüler hat höchstens 5 € Taschengeld.

## 1.5 Daten aus Zufallsexperimenten

### Übung 1

a) Z. B. 26-mal Zahl oben und 24-mal Rückseite.
b) 21-mal Kopf unten und 29-mal Spitze unten.
c) Bei der Münze sind die beiden möglichen Ergebnisse etwa gleich häufig, da die Münze nahezu symmetrisch ist. Beim Reißnagel treten die beiden Möglichkeiten je nach Art des Reißnagels verschieden oft auf.

### Übung 2

a) Die Spielwürfel haben vier, acht, sechs, zwölf oder zwanzig gleich **große Seiten,** die jeweils mit den Zahlen ab 1 beschriftet sind.
b) 1. Würfel: 1, 2, 3 oder 4 unten.
2. Würfel: 1, 2, 3, 4, 5, 6, 7 oder 8 oben.
3. Würfel: 1, 2, 3, 4, 5 oder 6 oben.
4. Würfel: 1, 2, ... , 11 oder 12 oben.
5. Würfel: 1, 2, ... , 19 oder 20 oben.
c) Jede mögliche Augenzahl ist bei jedem Spielwürfel gleich wahrscheinlich, wird aber wegen des Zufalls nicht gleich oft auftreten.
Die Summe muss immer 120 ergeben, z. B.

| Augenzahl | 1 | 2 | 3 | 4 |
|---|---|---|---|---|
| Häufigkeit | 32 | 29 | 28 | 31 |

| Augenzahl | 1 | 2 | 3 | 4 | 5 | 6 | 7 | 8 |
|---|---|---|---|---|---|---|---|---|
| Häufigkeit | 15 | 17 | 16 | 13 | 14 | 16 | 15 | 14 |

| Augenzahl | 1 | 2 | 3 | 4 | 5 | 6 |
|---|---|---|---|---|---|---|
| Häufigkeit | 21 | 17 | 23 | 19 | 21 | 19 |

| Augenzahl | 1 | 2 | 3 | 4 | 5 | 6 | 7 | 8 | 9 | 10 | 11 | 12 |
|---|---|---|---|---|---|---|---|---|---|---|---|---|
| Häufigkeit | 7 | 8 | 13 | 10 | 11 | 9 | 8 | 13 | 10 | 9 | 11 | 11 |

| Augenzahl | 1 | 2 | 3 | 4 | 5 | 6 | 7 | 8 | 9 | 10 |
|---|---|---|---|---|---|---|---|---|---|---|
| Häufigkeit | 4 | 7 | 5 | 6 | 5 | 6 | 9 | 7 | 4 | 8 |

| Augenzahl | 11 | 12 | 13 | 14 | 15 | 16 | 17 | 18 | 19 | 20 |
|---|---|---|---|---|---|---|---|---|---|---|
| Häufigkeit | 6 | 5 | 7 | 4 | 5 | 8 | 5 | 6 | 7 | 6 |

### Übung 3

a) Es wurde jeweils 60-mal gewürfelt.

b) Würfel 1

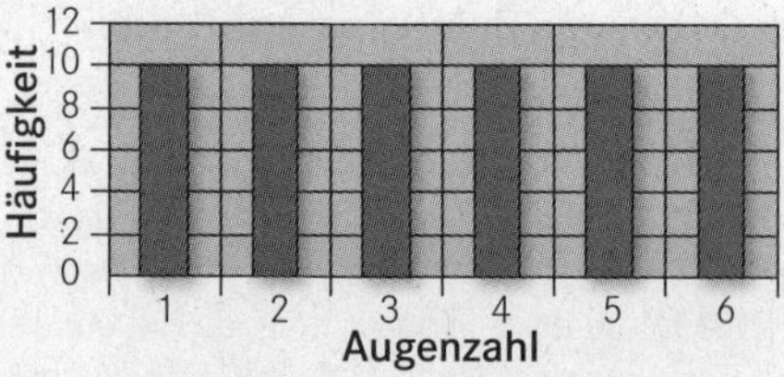


Würfel 2

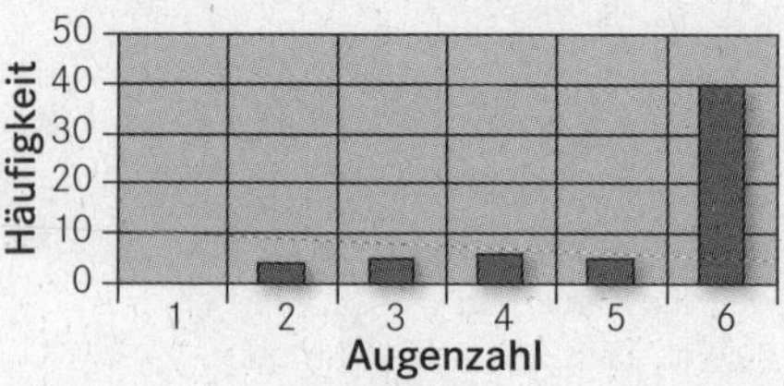


Würfel 3

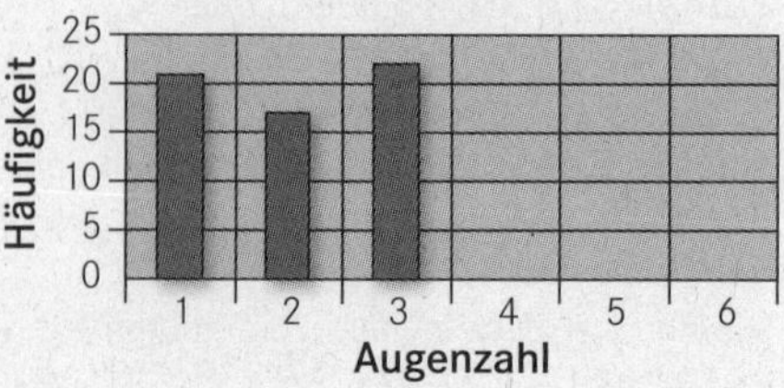


c) **Würfel 1** ist ein „normaler" Spielwürfel, bei dem zufällig die Augenzahlen gleich häufig auftraten.
**Würfel 2** scheint gezinkt zu sein.
**Würfel 3** könnte ein Spielwürfel sein, auf dessen Seiten die Zahlen 1, 2 und 3 je zweimal auftreten.

### Übung 4

a) Beim Werfen eines Legosteins mit 4 Noppen können folgende Ergebnisse auftreten:
Noppen oben, Noppen unten, glatte Seite oben.
Beim Werfen eines Legosteins mit 6 Noppen können folgende Ergebnisse auftreten:
Noppen oben, Noppen unten, glatte lange Seite oben, glatte kurze Seite oben.

b) Zum Beispiel:
Noppen oben 9 Noppen unten 15
glatte Seite oben 6

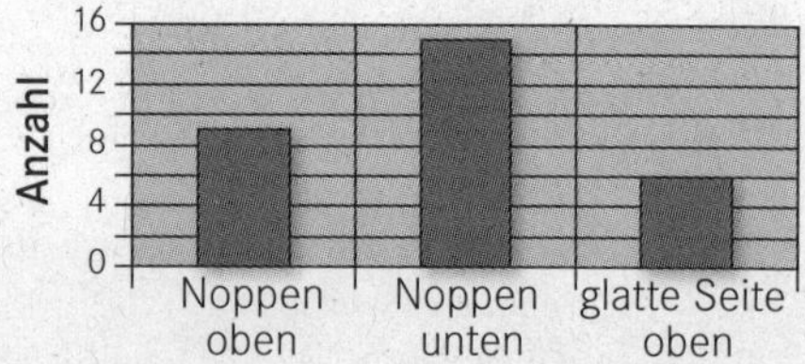


c) Zum Beispiel:
Noppen oben 10 Noppen unten 13
glatte lange Seite oben 6
glatte kurze Seite oben 1

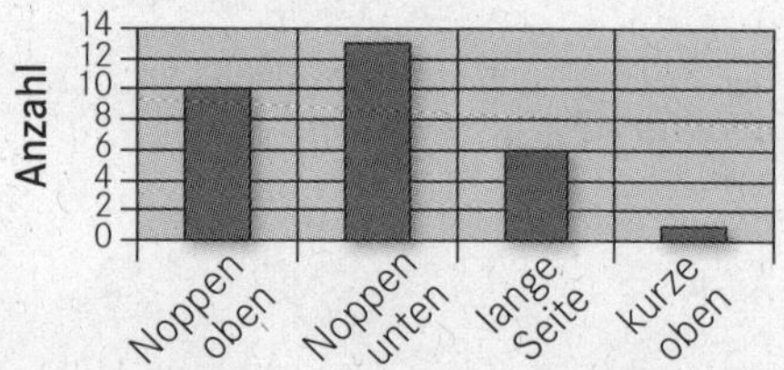


### Übung 5

a) Beim Erstellen der Tabelle müssen die Häufigkeiten, die man nicht genau ablesen kann, zusammen 100 000 ergeben.

| Augensumme | 2 | 3 | 4 | 5 | 6 |
|---|---|---|---|---|---|
| Häufigkeit | 2 781 | 5 549 | 8 328 | 11 209 | 13 904 |
| | 7 | 8 | 9 | 10 | 11 | 12 |
| | 16 841 | 13 991 | 11 224 | 8 337 | 5 563 | 2 273 |

b) Die Zahl der Möglichkeiten, die jeweilige Augensumme zu erreichen, ist unterschiedlich.

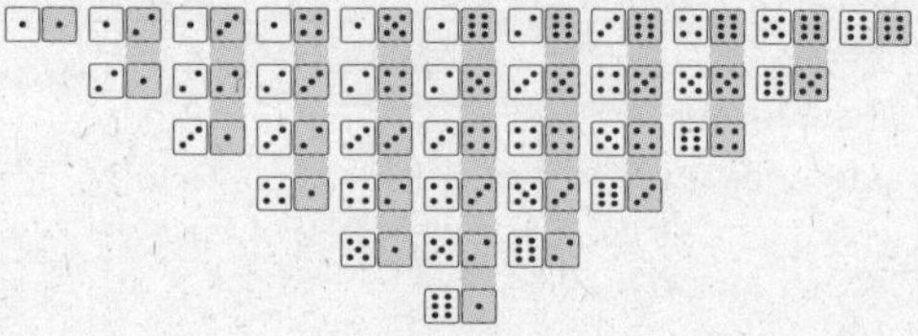

## Test Kapitel 1

### Übung 1

a) 1 t 57 kg = 1,057 t ≈ 1 t

b) Annahme: Die Geburtstage sind auf die 12 Monate gleichmäßig verteilt. 6 000 : 12 = 500

### Übung 2

a) Der Maßstab des Plans ist 1 : 80.

b) Eine 80 cm breite Tür müsste 1 cm breit eingezeichnet werden.

### Übung 3

a) Das Modell ist 28,5 cm lang.

b) Die Wanderstrecke hat einen Maßstab von 1 : 50 000.

### Übung 4

a)

| Stift | 1 | 2 | 3 | 4 | 5 | 6 |
|---|---|---|---|---|---|---|
| Länge in cm | 10,5 | 11,3 | 14 | 16,4 | 16,6 | 15,3 |

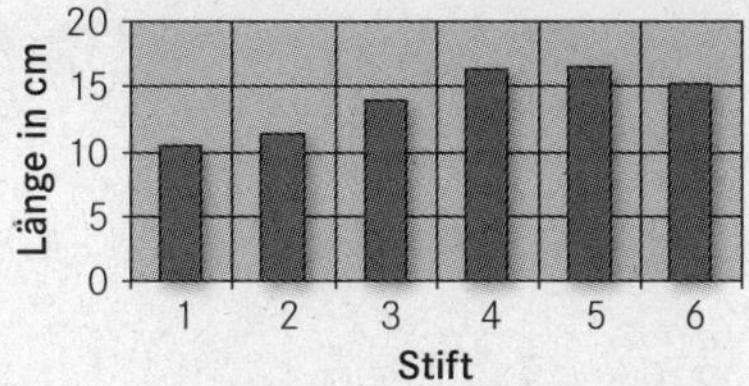


Tabelle und Diagramm sind Beispiele.

b) Das Säulendiagramm ermöglicht einen guten Vergleich.

### Übung 5

a) 34 der befragten Jugendlichen besitzen einen Fernseher, 19 einen DVD-Player.

b) Handys werden teilweise auch als MP3-Player gezählt.

c) Da ein PC auch zum Anschauen von DVDs verwendet werden kann und PCs sehr verbreitet sind, ist die Zahl der DVD-Player nicht wesentlich größer.

# 2 NATÜRLICHE UND GANZE ZAHLEN

## 2.1 Große Zahlen

### Übung 1

a) $10^5$  b) $10^7$  c) $10^{10}$

d) $10^8$  e) $10^9$  f) $10^{11}$

### Übung 2

a) zehntausend  b) zehn Millionen

c) eine Milliarde  d) zehn Milliarden

e) eine Billiarde  f) hundert Billiarden

### Übung 3

| | Billionen | | | Milliarden | | | Millionen | | | Tausender | | | H | Z | E |
|---|---|---|---|---|---|---|---|---|---|---|---|---|---|---|---|
| a) | | | | | | | | | | 8 | 0 | 8 | 0 | 0 | 0 |
| b) | | | | | 3 | 5 | 0 | 6 | 5 | 1 | 0 | 7 | 0 | 6 | 9 |
| c) | | | | | | | 1 | 2 | 3 | 4 | 5 | 6 | 7 | 8 | 9 |
| d) | | 6 | 8 | 8 | 0 | 6 | 6 | 8 | 0 | 8 | 6 | 8 | 0 | 8 | 6 |
| e) | 9 | 0 | 9 | 0 | 9 | 0 | 9 | 0 | 9 | 0 | 9 | 0 | 9 | 0 | 9 |
| f) | 1 | 0 | 1 | 0 | 0 | 1 | 0 | 0 | 0 | 1 | 0 | 0 | 0 | 0 | 1 |

a) acht Millionen achtzigtausendachthundert

b) fünfunddreißig Milliarden fünfundsechzig Millionen einhundertsiebentausendneunundsechzig

c) einhundertdreiundzwanzig Millionen vierhundertsechsundfünfzigtausendsiebenhundertneunundachtzig

d) achtundsechzig Billionen achthundertsechs Milliarden sechshundertachtzig Millionen achth undertachtundsechzigtausendsechsundachtzig

e) neunhundertneun Billionen neunzig Milliarden neunhundertneun Millionen neunzigtausendneunhundertneun

f) einhundertundeins Billionen eine Milliarde einhunderttausendeins

### Übung 4

a) 3 428 139  b) 840 000 000 000

c) 507 000 000  d) 6 090 000 000

e) 305 006 000 000  f) 46 000 000 000 000

g) 204 090 000 600 000

h) 50 400 000 000 304 000 000

**Übung 5**

a) 900 000; 225 000
b) 112 000 000; 28 000 000
c) 3 400 000; 850 000
d) 10 600 000; 2 650 000
e) 100 812 000; 25 203 000
f) 1 560 000 000; 390 000 000

**Übung 6**

a) 100 000; 999 999
b) 1 023 456; 9 876 543
c) 9 876 543 210; 1 023 456 789
d) 999 876 543 210; 100 023 456 789
e) 10 000 003 579; 99 999 997 531
f) 12 121 212; 98 989 898
(Die 0 ist keine gerade Ziffer.)

## 2.2 Vergleichen und Ordnen natürlicher Zahlen

**Übung 1**

| | Vorgänger | Zahl | Nachfolger |
|---|---|---|---|
| a) | 123 456 788 | 123 456 789 | 123 456 790 |
| b) | 200 102 009 | 200 102 010 | 200 102 011 |
| c) | 999 999 998 | 999 999 999 | 1 000 000 000 |
| d) | 400 299 999 | 400 300 000 | 400 300 001 |
| e) | 6 999 999 999 | 7 000 000 000 | 7 000 000 001 |
| f) | 111 999 111 998 | 111 999 111 999 | 111 999 112 000 |

**Übung 2**

a) A = 3; B = 7; C = 9
b) A = 8; B = 16; C = 24; D = 26
c) A = 15; B = 25; C = 40; D = 65

**Übung 3**

a) 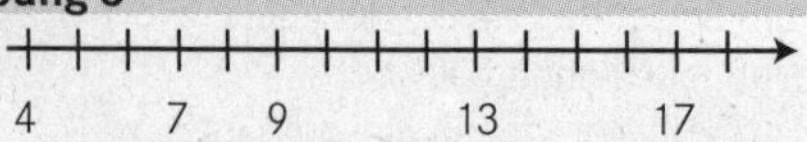


b) 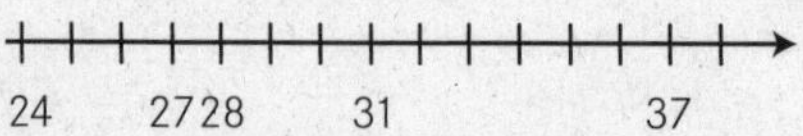


c) 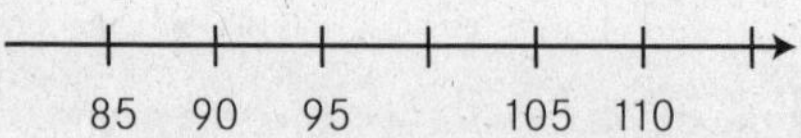


d) 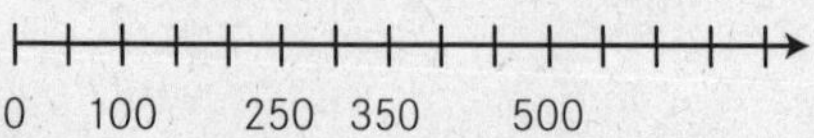


**Übung 4**

a) 222 < 234 < 243 < 324 < 333 < 342 < 423 < 432 < 444
b) 2 002 < 2 007 < 2 020 < 2 070 < 2 200 < 2 702 < 7 007 < 7 070 < 7 200 < 7 207
c) 123 456 < 897 897 < 987 654 < 987 987 < 7 070 707 < 7 070 770 < 7 700 070
d) 654 987 < 789 645 < 798 564 < 897 456 < 897 564 < 978 654 < 987 654
e) 10 234 < 11 111 = 11 111 < 11 999 < 20 000

## 2.3 Ganze Zahlen

**Übung 1**

a) 8 °C  b) 0 °C  c) 10 °C
d) −9 °C  e) −7 °C  f) −5 °C

**Übung 2**

a) 

b) 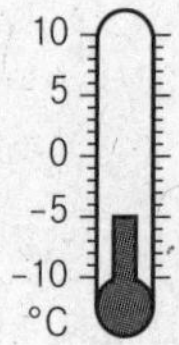


c) 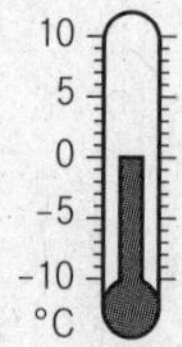


**Übung 3**

a) Al-Mazra: − 333 m  b) Death Valley: − 86 m
c) Nieuwerkerk: −7 m  d) Turpan-Becken: − 154 m
e) Puerto-Rico-Graben: − 9 219 m
f) Marianengraben: − 10 924 m

**Übung 4**

| | a) | b) | c) | d) | e) | f) |
|---|---|---|---|---|---|---|
| Zahl | 8 | −7 | 0 | − 17 | 135 | − 1 000 |
| Gegenzahl | − 8 | 7 | 0 | 17 | − 135 | 1 000 |
| Betrag | 8 | 7 | 0 | 17 | 135 | 1 000 |

**Übung 5**

a) Richtig nach der Definition.
b) Richtig nach der Definition.
c) Falsch. |0| = 0 ist nicht positiv.
d) Falsch. Gegenzahl zu − 4 ist 4.
e) Falsch. 0 ist Zahl und Gegenzahl.
f) Richtig nach der Definition.

## Übung 6

| | Morgen-temperatur | gestiegen um | Mittags-temperatur | gefallen um | Abend-temperatur |
|---|---|---|---|---|---|
| a) | 4 °C | 5 °C | 9 °C | 10 °C | - 1 °C |
| b) | - 2 °C | 5 °C | 3 °C | 7 °C | - 4 °C |
| c) | - 1 °C | 4 °C | 3 °C | 6 °C | - 3 °C |
| d) | -7 °C | 6 °C | - 1 °C | 9 °C | - 10 °C |
| e) | 1 °C | 4 °C | 5 °C | 7 °C | - 2 °C |

## Übung 7

| | Einstieg | Fahrstuhlbewegung | Ausstieg |
|---|---|---|---|
| a) | - 2 | + 5 | 3 |
| b) | + 6 | - 8 | - 2 |
| c) | 6 | - 9 | - 3 |
| d) | - 4 | + 11 | 7 |
| e) | 2 | - 5 | - 3 |

## Übung 8

a) A = - 5; B = - 2; C = 2; D = 4
b) A = - 6; B = - 2; C = 2; D = 3
c) A = - 16; B = - 12; C = - 4; D = 6

## Übung 9

a)
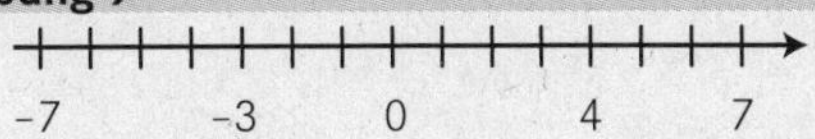


b)
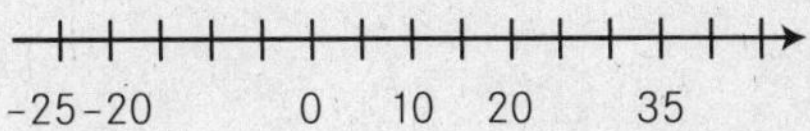


c)
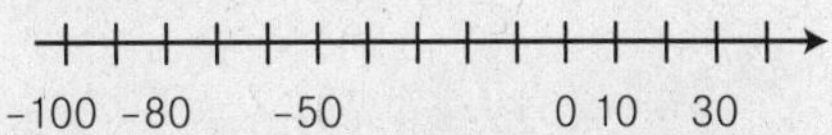


d)
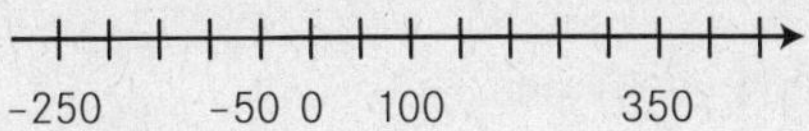


## Übung 10

a) 19 > - 21 b) - 6 < 3
c) - 31 < - 28 d) - 525 > - 552
e) 60 < | - 400 | f) 98 > | - 97 |

## Übung 11

a) - 9 < -7 < - 4 < - 2 < 0 < 1 < 3 < 7 < 8
b) -71 < - 17 < 0 < 17 < 27 < 72
c) - 8 < - 2 < 0 < 4 < | - 6 | < | 10 | < | - 12 |
d) - 432 < - 423 < - 342 < - 324< - 243 < - 234 < 234 < 243 < 324 < 342 < 423 < 432
e) - 2 702 < - 2 200 < - 2 070 < - 2 007 < - 2 002 < 2 007 < 2 020 < 2 070 < 2 207

# Test Kapitel 2

## Übung 1

a) einhunderttausend b) zehn Millionen
c) dreihundertdrei Millionen dreißigtausenddrei

## Übung 2

a) 84 448 b) 10 000 010 010
c) 999 876 543 210 d) 10 002 468

## Übung 3

| | Anfangs-temperatur | Temperatur-änderung | Endtemperatur |
|---|---|---|---|
| a) | - 2 °C | + 7 °C | 5 °C |
| b) | + 4 °C | - 5 °C | - 1 °C |
| c) | 2 °C | - 5 °C | - 3 °C |

## Übung 4

-7 < - 6 < - 2 < 0 < 3 < | - 6 | < | 8 |

## Übung 5

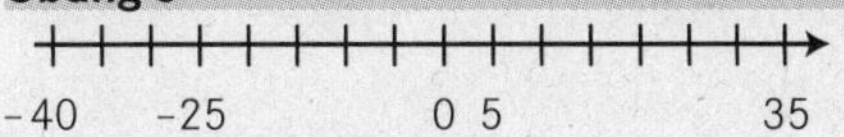

## 3.1 Addieren natürlicher Zahlen

**Übung 1**

a) Überschlag: 700 + 900 + 1000 + 100 = 2 700
Rechnung: 654 + 875 + 981 + 54 = 2 564

b) Überschlag:
4 900 + 900 + 8 600 + 600 = 15 000
Rechnung: 4 870 + 873 + 8 623 + 550 = 14 916

c) Überschlag: 88 000 + 75 000 + 6 000 + 900 + 2 000 = 171 900
Rechnung: 87 500 + 75 275 + 6 450 + 877 + 2 350 = 172 452

d) $\begin{array}{r} 48834 \\ +5487 \\ \underline{1111} \\ 54321 \end{array}$ e) $\begin{array}{r} 319056 \\ +98765 \\ \underline{11\;\;11\phantom{0}} \\ 417821 \end{array}$ f) $\begin{array}{r} 99999 \\ +103041 \\ \underline{11111\phantom{0}} \\ 203040 \end{array}$

**Übung 2**

a) 165 + 187 = 352
b) 4 000 + 8 750 = 12 750
c) 75 + 87 + 128 = 290
d) 175 000 + 40 500 = 215 500
e) 1 650 + 800 + 250 = 2 700

## 3.2 Subtrahieren natürlicher Zahlen

**Übung 1**

a) Überschlag: 180 – 100 = 80
Rechnung: 178 – 99 = 79

b) Überschlag: 860 – 290 = 570
Rechnung: 864 – 286 = 578

c) Überschlag: 8 600 – 7 500 = 1 100
Rechnung: 8 649 – 7 533 = 1 116

d) Überschlag: 750 000 – 70 000 = 680 000
Rechnung: 753 522 – 69 941 = 683 581

e) Überschlag: 86 000 – 10 000 = 76 000
Rechnung: 85 632 – 10 007 = 75 625

f) Überschlag: 6 700 000 – 5 400 000 = 1 300 000
Rechnung: 6 666 666 – 5 432 099 = 1 234 567

**Übung 2**

a) $\begin{array}{r} {\scriptstyle 1}\phantom{0} \\ 875\not{2}0 \\ \underline{-\,74002} \\ 13518 \end{array}$ Probe: 13518 + 74002 = 87 520
oder 87 520 – 13 518 = 74 002

b) $\begin{array}{r} {\scriptstyle 8\,4\,1\,9}\phantom{05} \\ \not{9}\not{5}\not{2}\not{0}05 \\ \underline{+765323} \\ 186682 \end{array}$ Probe: 186 682 + 765 323 = 952 005
oder 952 005 – 186 682 = 765 323

c) $\begin{array}{r} {\scriptstyle 7\,2\,3\,1\;\;5}\phantom{5} \\ \not{8}\not{3}\not{4}\not{2}8\not{6}5 \\ \underline{-\,743926} \\ 7598939 \end{array}$ Probe: 7 598 939 + 743 926 = 8 342 865
oder 8 342 865 – 7 598 939 = 743 926

**Übung 3**

a) 87 – 75 Minuend: 87
Subtrahend: 75

b) 7 563 – 6 158 = 1 405 Minuend: 7 563
Subtrahend: 6 158

c) 1 723 – 673 Minuend: 1 723
Subtrahend: 673

## 3.3 Vorteilhaftes Rechnen

**Übung 1**

a) 677 + 187 + 123 = (677 + 123) + 187
= 800 + 187 = 987

b) 1 700 + 9 833 + 4 300 = (1 700 + 4 300) + 9 833 = 6 000 + 9 833 = 15 833

c) 145 + 733 + 55 = (145 + 55) + 733
= 200 + 733 = 933

d) (77 + 105) + (133 + 85)
= (77 + 133) + (105 + 85) = 210 + 190 = 400

**Übung 2**

a) Assoziativgesetz
165 + 35 + 21 + 179 = (165 + 35) + (21 + 179)
= 200 + 200 = 400:

b) Assoziativgesetz
1 280 + 4 365 + 3 235 = 1 280 + (4 365 + 3 235) = 1 280 + 7 600 = 8 880

c) Kommutativgesetz
725 + 217 + 375 = 725 + 375 + 217
Assoziativgesetz
= (725 + 375) + 217 = 1 100 + 217 = 1 317

d) 6 280 + 493 + 55 + 720 + 707
Kommutativgesetz
= 6 280 + 720 + 493 + 707 + 55
Assoziativgesetz
= (6 280 + 720) + (493 + 707) + 55
= 7 000 + 1 200 + 55 = 8 255

**Übung 3**

a) 750 - 320 + 4120 + 675 - 330 - 290
= (750 + 4 120 + 675) - (320 + 330 + 290)
= 5 545 - 940 = 4 605

b) 1 954 + 975 - 1 205 - 865 + 9 253
= (1 954 + 975 + 9 253) - (1 205 + 865)
= 12 182 - 2 070 = 10 112

c) 18 564 - 9 853 + 7 536 - 920 - 14 737 + 410
= (18 564 + 7 536 + 410) - (9 853 + 920 + 14 737) = 26 510 - 25 510 = 1 000

d) 765 398 + 52 439 - 135 944 - 263 501 - 69 277 - 87 201 = (765 398 + 52 439) - (135 944 + 263 501 + 69 277 + 87 201)
= 817 837 - 555 923 = 261 914

**Übung 4**

a) 870 - 65 - 30 = 870 - ~~35~~: Minusglieder müssen addiert werden. Richtig ist: 870 - 65 - 30 = 870 - (65 + 30) = 870 - 95 = 775.

b) 157 - (41 + 39) = 157 - 41 ~~+~~ 39:
Falsches Rechenzeichen, Klammern werden zuerst berechnet.
Richtig ist: 157 - (41 + 39) = 157 - 80 = 77.

c) 281 - 164 + 36 + 19 = (281 + 19) - (164 + ~~36~~):
Alle Plusglieder werden zum Anfangswert addiert: 281 - 164 + 36 +19 = (281 + 36 + 19) - 164 = 336 - 164 = 172.

**Übung 5**

185 € + 291 € - 320 € - 36 € + 324 € - 25 €
= (185 € + 291 € + 324 €) - (320 € + 36 € + 25 €)
= 800 € - 381 € = 419 €
Der Kassenstand um 17:00 Uhr beträgt 419 €, also: Kassenstand am Abend - Kassenstand am Morgen = 419 € - 185 € = 234 €.
Der Tagesgewinn beträgt 234 €.

## 3.4 Rechenausdrücke mit Klammern

**Übung 1**

a) 87 - (125 - 55)= 87 - 70 = 17
b) (459 - 317) - 81 = 142 - 81 = 61
c) 9 500 - (87 237 - 82 985)
= 9 500 - 4 252 = 5 248
d) 1 234 + (56 789 - 13 579)
= 1 234 + 43 210 = 44 444
e) (165 470 - 87 235) - (6 327 - 1 765)
= 78 235 - 4 562 = 73 673
f) 756 - (765 - 135) + (98 + 402)
= 756 - 630 + 500 = 126 + 500 = 626
g) 33 262 - [157 528 - (97 430 + 33 625)]
= 33 262 - [157 528 - 131 055]
= 33 262 - 26 473 = 6 789
h) (652 + 873) - [(98 + 112) - (600 - 531)] =
1525 - [210 - 69] = 1525 - 141 = 1384

**Übung 2**

a) (35 - 46) - 11 = 0 b) 19 - (12 + 5) + 7 = 9
c) 27 - [13 - (15 - 11)] = 18

**Übung 3**

a) 157 - (88 - 57) = 157 - 31 = 126
b) 198 - (98 + 55) = 198 - 153 = 45

## 3.5 Rechenaufträge übersetzen

**Übung 1**

a) (78 + 122) + 450 = 200 + 450 = 650
b) (195 - 60) - 75 = 135 - 75 = 60
c) 612 + (500 - 318) = 612 + 182 = 794
d) 10 000 - (999 + 9 001) = 10 000 - 10 000 = 0
e) (851 + 749) - (833 + 742) = 1 600 - 1 575 = 25
f) 60 853 + 24 875 = 85 728

## 3.6 Addieren und Subtrahieren ganzer Zahlen

**Übung 1**

a) 25 - 33 = - 8 b) - 32 - 67 = - 99
c) - 42 + 58 = 16 d) - 12 + 16 - 10 = - 6
e) 80 - 110 - 35 = - 65 f) - 45 - 22 + 37 = - 30

**Übung 2**

a) - 25 + 33 = 8 b) - 25 - 33 = - 58
c) - 25 + 33 = 8 d) 25 + 33 - 75 = - 17
e) - 33 + 25 - 15 = - 23
f) 0 - 22 + 27 = 5

**Übung 3**

a)

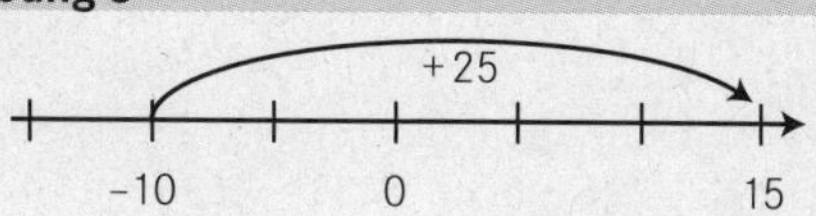

b)

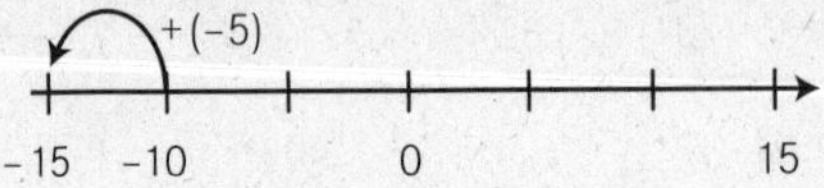


c)

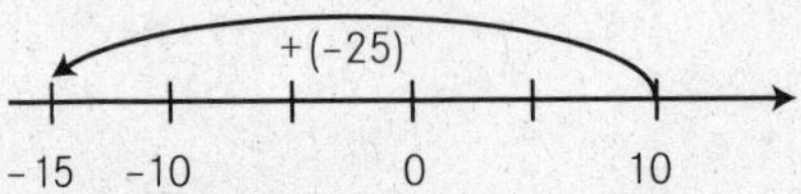


d)

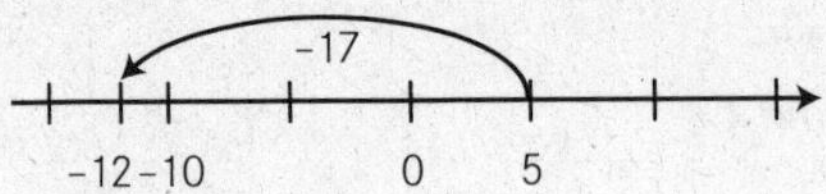


e)

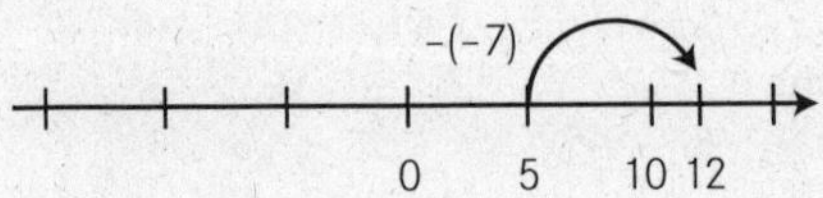


f)

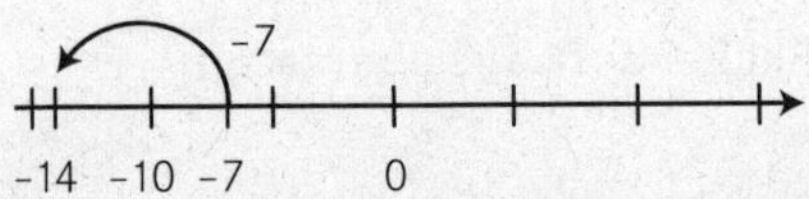


**Übung 4**

a) 179 - 210  Ergebnis negativ;
Überschlag: 180 - 210 = - 30

b) 4 287 + (- 5 823)  Ergebnis negativ;
Überschlag: 4 300 - 5 800 = - 1 500

c) 4 287 - (- 5 823)  Ergebnis positiv;
Überschlag: 4 300 + 5 800 = 10 100

d) (- 31 288) - (- 41 312)  Ergebnis positiv;
Überschlag: - 31 000 + 41 000 = 10 100

e) 1 690 - (- 3 522) - 1 743  Ergebnis positiv;
Überschlag: 1 700 + 3 500 - 1 700 = 3 500

**Übung 5**

a) - 63 - 75 - 37 = (- 63 - 37) - 75
= - 100 - 75 = - 175

b) - 88 + 174 +26 = - 88 + (174 + 26)
= - 88 + 200 = 112

c) 53 - 161 + 47 = (53 + 47) - 161
= 100 - 161 = - 61

d) - 315 + 61 - 282 - 177 + 54 = (61 + 54)
- (315 + 282 + 177) = 115 - 774 = - 659

e) 723 - 1 692 - 785 - 51 + 315 = (723 + 315)
- (1 692 + 785 + 51) = 1 038 - 2 528 = - 1 490

**Übung 6**

a) - 130 - 76 - (81 + 135) = - 206 - 216 = - 422

b) - 154 - 238 - (24 - 137) = - 392 - (- 113)
= - 392 + 113 = - 279

c) (54 - 185) - [61 - (- 139)] = - 131 - [61 + 139]
= - 131 - 200 = - 331

d) 87 - [(183 - 218) + 15] = 87 - [- 35 + 15]
= 87 + 20 = 107

**Übung 7**

a) - 54 + (- 126) = - 180

b) 27 - (- 81) = 27 + 81 = 108

c) (- 178 + 122) + (- 320) = - 56 - 320 = - 376

d) [- 95 - (- 60)] - 75 = [- 95 + 60] - 75
= - 35 - 75 = - 110

e) - 642 + [430 - (- 212)] = - 642 + [430 + 212]
= - 642 + 642 = 0

## Test Kapitel 3

**Übung 1**

a) 73 025 + 991 506 + 4 819 = 1 069 350

b) 86 472 - 29 973 = 56 499

**Übung 2**

a) (683 + 137) + (318 + 63) = (683 + 318)
+ (137 + 63) = 1 001 + 200 = 1 201

b) 15 327 - 4 672 - 7 826 + 145 - 325
= (15 327 + 145) - (4 672 + 7 826 + 325)
= 15 472 - 12 823 = 2 649

**Übung 3**

(1 111 - 112) - (714 + 285)

**Übung 4**

a) (-73) + (- 54) - (- 38) = -73 - 54 + 38
= - 127 + 38 = - 89

b) 66 - (- 89) - 165 = 66 + 89 - 165
= 155 - 165 = - 10

**Übung 5**

a) 167 - 520 + 81 - 179
= (167 + 81) - (520 + 179) = 248 - 699 = - 351

b) - 179 - 611 - (-735 - 185)
= -790 - (- 920) = -790 + 920 = 130

# 4 MULTIPLIKATION UND DIVISION

## 4.1 Multiplizieren natürlicher Zahlen

**Übung 1**

a) 30 + 30 + 30 + 30 + 30 + 30 + 30 = 30 · 7 = 210
b) 5 891 · 1 000 = 5 891 000
c) 8 500 + 8 500 + 8 500 + 8 500
= 8 500 · 4 = 34 000
d) 3 · 0 · 2 = 0

**Übung 2**

a) 125 · 9 b) 15 · 6 c) 3 · 20 · 15

**Übung 3**

a) 753 · 8
6024
b) 3 562 · 6
21372
c) 97 724 · 3
293172
d) 3978 · 9
35802
e) 9904 · 4
39616

## 4.2 Vorteilhaft multiplizieren

**Übung 1**

a) 2 753 100 b) 273 694
c) 209 837 260 d) 11 511 500
e) 6 058 346 f) 9 479 372

**Übung 2**

a) Assoziativgesetz
(298 · 125) · 8 = 298 · (125 · 8) = 298 · 1 000
= 298 000
b) Assoziativgesetz
(25 · 7) · (4 · 10) = 25 · 7 · 4 · 10
Kommutativgesetz, Assoziativgesetz
= 25 · 4 · 7 · 10 = (25 · 4) · (7 · 10)
= 100 · 70 = 7 000
c) Assoziativgesetz, Kommutativgesetz
5 · (25 · 2) · 4 = 5 · 25 · 2 · 4 = 2 · 25 · 5 · 4
Assoziativgesetz
= (2 · 25) · (5 · 4) = 50 · 20 = 1 000

**Übung 3**

a) 6 · 4 + 4 · 4 = (6 + 4) · 4 = 10 · 4 = 40
b) 34 · 9 + 6 · 9 = (34 + 6) · 9 = 40 · 9 = 360
c) 23 · 3 + 17 · 3 = (23 + 17) · 3 = 40 · 3 = 120
d) 44 · 11 + 56 · 11 = (44 + 56) · 11
= 100 · 11 = 1 100
e) 91 · 22 + 9 · 22 = (91 + 9) · 22
= 100 · 22 = 2 200
f) 563 · 6 + 137 · 6 = (563 + 137) · 6
= 700 · 6 = 4 200

**Übung 4**

a) und c) (6 · 15) · 7 = (7 · 6) · 15
b) und e) 24 · (12 · 35) = (12 · 35) · 24
d) und f) 11 · (15 · 6) · 22 = (6 · 11) · (22 · 15)

## 4.3 Potenzen

**Übung 1**

a) $10 \cdot 10 \cdot 10 \cdot 10 \cdot 10 = 10^5 = 100\,000$
b) $12 \cdot 12 = 12^2 = 144$
c) $2 \cdot 2 \cdot 2 \cdot 2 \cdot 2 \cdot 2 = 2^6 = 64$
d) $25 \cdot 25 \cdot 25 = 25^3 = 15\,625$
e) $2^{10} = 1\,024$

**Übung 2**

a) $10^3 = 10 \cdot 10 \cdot 10 = 1\,000$
b) $5^5 = 5 \cdot 5 \cdot 5 \cdot 5 \cdot 5 = 3\,125$
c) $11^4 = 11 \cdot 11 \cdot 11 \cdot 11 = 14\,641$
d) $1\,000^2 = 1\,000 \cdot 1\,000 = 1\,000\,000$
e) $8^4 = 8 \cdot 8 \cdot 8 \cdot 8 = 4\,096$
f) $4^8 = 4 \cdot 4 \cdot 4 \cdot 4 \cdot 4 \cdot 4 \cdot 4 \cdot 4 = 65\,536$
g) $12^5 = 12 \cdot 12 \cdot 12 \cdot 12 \cdot 12 = 248\,832$

**Übung 3**

a) $7 \cdot 4^2 = 7 \cdot 16 = 112$
b) $5 \cdot 10^3 = 5 \cdot 1\,000 = 5\,000$
c) $16 \cdot 3^5 = 16 \cdot 243 = 3\,888$
d) $10 \cdot 9^2 = 10 \cdot 81 = 810$
e) $15 \cdot 5^4 \cdot 20 = 15 \cdot 625 \cdot 20 = (15 \cdot 20) \cdot 625$
$= 300 \cdot 625 = 187\,500$
f) $25 \cdot 6^2 \cdot 4 = 25 \cdot 36 \cdot 4 = (25 \cdot 4) \cdot 36$
$= 100 \cdot 36 = 3\,600$
g) $2 \cdot 9^3 \cdot 50 = 2 \cdot 729 \cdot 50 = (2 \cdot 50) \cdot 729$
$= 100 \cdot 729 = 72\,900$
h) $(4 \cdot 6)^2 = 24^2 = 576$
i) $180 \cdot (2 \cdot 5)^5 = 180 \cdot 10^5 = 180 \cdot 100\,000$
$= 18\,000\,000$

**Übung 4**

a) Quadrate mit der Seitenlänge 1, 2, 3, 4 Kästchen haben im Innern 1, 4, 9, 16 Kästchen. Die Anzahl der Kästchen entspricht der zweiten Potenz der Anzahl der Kästchen längs der Seitenlänge.

b)

| 1 | 2 | 3 | 4 | 5 | 6 | 7 | 8 | 9 |
|---|---|---|---|---|---|---|---|---|
| 1 | 4 | 9 | 16 | 25 | 36 | 49 | 64 | 81 |

| 10 | 11 | 12 | 13 | 14 | 15 | 16 | 17 | 18 |
|---|---|---|---|---|---|---|---|---|
| 100 | 121 | 144 | 169 | 196 | 225 | 256 | 289 | 324 |

| 19 | 20 | 21 | 22 | 23 | 24 | 25 |
|---|---|---|---|---|---|---|
| 361 | 400 | 441 | 484 | 529 | 576 | 625 |

## 4.4 Dividieren natürlicher Zahlen

**Übung 1**

a) $5005 : 5 = 1001$ b) $8888 : 11 = 808$
c) $150000 : 75 = 2000$

**Übung 2**

a) $0 : 78 = 0$
b) $763 : 763 = 1$
c) $(652 : 2) : 163 = 326 : 163 = 2$
d) $(800 : 200) : 4 = 4 : 4 = 1$
e) $800 : (200 : 4) = 800 : 50 = 16$

**Übung 3**

a) 431 b) 912 c) 842 d) 602
e) 703 f) 10203 g) 412
h) 536 Rest 17

**Übung 4**

a) $x : 74 = 35$; Probe: $35 \cdot 74 = 2590$.
Die gesuchte Zahl ist 2 590.
b) $52080 : x = 420$; Probe: $52080 : 420 = 124$.
Die gesuchte Zahl ist 124.

## 4.5 Rechenausdrücke mit Klammern

**Übung 1**

a) $750 : (15 \cdot 5) = 750 : 75 = 10$
b) $(990 : 33) \cdot 111 = 30 \cdot 111 = 3330$
c) $(368375 : 421) : 875 = 875 : 875 = 1$
d) $43200 : (24 \cdot 25) = 43200 : 600 = 72$
e) $100 \cdot [510 : (17 \cdot 2)] = 100 \cdot [510 : 34]$
$= 100 \cdot 15 = 1500$
f) $[(15600 : 150) \cdot 14] : 56 = [104 \cdot 14] : 56$
$= 1456 : 56 = 26$

**Übung 2**

a) $144 : (6 \cdot 4)$; der Term ist ein Quotient.
b) $(4000 : 250) \cdot 125$; der Term ist ein Produkt.
c) $4680 : (270 : 6)$; der Term ist ein Quotient.
d) $(88 \cdot 70) : (55 \cdot 112)$; der Term ist ein Quotient.
e) $[(5^4 \cdot 16) : 80] \cdot (4 \cdot 200)$; der Term ist ein Produkt.
f) $[48 \cdot (444 : 74)] : (792 : 99)$; der Term ist ein Quotient.

**Übung 3**

a) $(27 : 9) \cdot 3 = 9$ b) $100 : [(5 \cdot 4) : 2] = 10$
c) $[(12 \cdot 14) : (7 \cdot 6)] : 2 = 2$

## 4.6 Rechenaufträge übersetzen

**Übung 1**

a) $(195 \cdot 60) : 390 = 11700 : 390 = 30$
b) $(476 : 7) \cdot 4^5 = (476 : 7) \cdot 4^5 = 68 \cdot 1024$
$= 69632$
c) $(10^4 \cdot 15) : (200 \cdot 75) = (10000 \cdot 15) : (200 \cdot 75)$
$= 150000 : 15000 = 10$

**Übung 2**

a) Dividiere 875 durch das Produkt der Zahlen 25 und 5.
b) Multipliziere den Quotienten der Zahlen 256 und 32 mit 125.
c) Dividiere das Produkt der Zahlen 72 und 75 durch das Produkt der Zahlen 27 und 40.
d) Dividiere das Produkt aus $3^4$ und 16 durch 72.
e) Multipliziere den Quotienten der Zahlen 120 und 24 mit dem Produkt der Zahlen 17 und 2.
f) Dividiere das Produkt aus $15^2$ und $3^3$ durch 25.

## 4.7 Verbindung der Grundrechenarten

**Übung 1**

a) $235 - 16 \cdot 3 = 235 - 48 = 187$
b) $7 \cdot (2 + 4 \cdot 2) = 7 \cdot (2 + 8) = 7 \cdot 10 = 70$
c) $6 \cdot 7 - 32 : 4^2 = 42 - 32 : 16 = 42 - 2 = 40$
d) $426 + (72 \cdot 38 - 1376) = 426 + (2736 - 1376)$
$= 426 + 1360 = 1786$
e) $320 : [(24 - 8) \cdot 4] = 320 : [16 \cdot 4] = 320 : 64 = 5$
f) $(4096 : 256) \cdot (26 - 16) = 16 \cdot 10 = 160$
g) $9999 + 3622 : (3066 - 251 \cdot 5)$
$= 9999 + 3622 : (3066 - 1255)$
$= 9999 + 3622 : 1811 = 9999 + 2 = 10001$
h) $105 : 15 - 1234 \cdot [32 - (4 + 4 \cdot 7)] = 7 - 1234$
$\cdot [32 - (4 + 28)] = 7 - 1234 \cdot [32 - 32]$
$= 7 - 1234 \cdot 0 = 7 - 0 = 7$



Zu den Seiten 42–60

**Übung 2**

a) 8 · 144 + 8 · 56 = 8 · (144 + 56)
= 8 · 200 = 1 600

b) 312 : 12 – 72 : 12 = (312 – 72) : 12
= 240 : 12 = 20

c) 75 · 6 + 135 · 6 = (75 + 135) · 6 = 210 · 6 = 1 260

**Übung 3**

a) 13 · 17 + 279 : 31 = 221 + 9 = 230

b) (9 753 + 2 468) · (9 753 – 2 468)
= 12 221 · 7 285 = 89 029 985

c) (8 767 – 3 583) : (16 · 9) = 5 184 : 144 = 36

d) [19 · (9 + 84)] – (179 + 98) · 5
= [19 · 93] – 277 · 5 = 1 767 – 1 385 = 382

e) $4^3$ · (84 + 46) : (1 900 – 236) = 64 · 130 : 1 664
= 8 320 : 1 664 = 5

**Übung 4**

a) (47 – 13) · 3 = 102 b) 108 : (28 – 16) = 9

c) [(36 + 3) : 13] : 3 = 1

## 4.8 Multiplizieren und Dividieren ganzer Zahlen

**Übung 1**

a) „Minus mal plus ist minus" – das Ergebnis ist negativ: – 8 · 6 = – 48.

b) „Minus mal minus ist plus" – das Ergebnis ist positiv: – 8 · (– 6) = 48.

c) „Plus durch minus ist minus" – das Ergebnis ist negativ: 42 : (–7) = – 6.

d) „Minus durch minus ist plus" – das Ergebnis ist positiv: – 42 : (–7) = 6.

e) Gerade Anzahl negativer Faktoren – das Ergebnis ist positiv: 14 · (– 1)·(– 5) = 70.

f) Ungerader Exponent – das Ergebnis ist negativ: $(-3)^5 = -243$.

g) Dividend Null – das Ergebnis ist null: 0 : (– 125) = 0.

h) Ungerade Anzahl negativer Zahlen – das Ergebnis ist negativ: – 88 : (– 11) · (–7) = – 56.

i) Gerader Exponent – das Ergebnis ist positiv: $(-1)^{12} = 1$.

j) „Minus mal plus ist minus" – das Ergebnis ist negativ: (– 2) · $7^2$ = – 98.

k) Ungerade Anzahl negativer Faktoren – das Ergebnis ist negativ:
1 · (– 2) · 3 · (– 4) · 5 · (– 6) = –720.

**Übung 2**

a) – 196 : 14 = – 14

b) 345 · (– 42) = – 14 490

c) – 12 288 : 192 = – 64

d) – 54 · (– 11) = 594

e) (– 12) · (– 14) · (– 21) = 168 · (– 21) = – 3 528

f) 375 : (– 25) · (– 5) + 25 = – 15 · (– 5) + 25
= 75 + 25 = 100

g) 375 : [(– 25) · (– 5)] + 25 = 375 : 125 + 25
= 3 + 25 = 28

**Übung 3**

| | | |
|---|---|---|
| a) wahr | b) wahr | c) falsch |
| d) falsch | e) wahr | f) wahr |

**Übung 4**

a) – 4 · (– 17) · (– 25) = [– 4 · (– 25)] · (– 17)
= 100 · (– 17) = – 1 700

b) 5 · (– 82) · (– 20) = [5 · (– 20)] · (– 82)
= – 100 · (– 82) = 8 200

c) 14 · 36 – 19 · 36 = (14 – 19) · 36
= – 5 · 36 = – 180

d) 60 · (– 3) – 35 · (– 3) = (60 – 35) · (– 3)
= 25 · (– 3) = –75

e) 16 · (– 14) + 16 · 19 = 16 · [(– 14) + 19]
= 16 · 5 = 80

f) – 20 · 215 – 400 · (– 20) = – 20 · (215 – 400)
= – 20 · (– 185) = 3 700

**Übung 5**

a) (– 9 – 11) · 8 = – 9 · 8 – 11 · 8 = –72 – 88 = – 160

b) (– 40) · (12 + 11) = (– 40) · 12 + (– 40) · 11
= – 480 – 440 = – 920

c) (– 25) · [– 8 + (– 12)] = 200 + 300 = 500

d) (– 4) · [(– 15) – (– 45)] = 60 – 180 = – 120

e) [(– 36) + 64] · 5 = – 180 + 320 = 140

f) [25 – (– 45)] · (– 2) = –50 – 90 = – 140

**Übung 6**

a) (– 12) · 25 – (– 150) = – 150

b) [(– 8) – (– 43)] : (–7) = – 5

c) (– 527) : (– 31) + (– 9) · 17 = 17 + (– 153) = – 136

d) 164 : (– 4) – [(– 278) + 88]
= (– 41) – (– 190) = 149

e) [168 - (- 232)] · [(- 4)³ · (- 2)]
= 400 · [(- 64) · (- 2)] = 51 200

f) [(- 840) + 1 842] : [141 - (- 26)]
= 1 002 : 167 = 6

## Test Kapitel 4

**Übung 1**

a) (125 · 25) · (8 · 4) = (125 · 8) · (25 · 4)
= 1 000 · 100 = 100 000

b) 1 013 · 4 823 = 4885699

**Übung 2**

a) $5^4$ · 200 = (5 · 5 · 5 · 5) · 200 = 625 · 200
= 125 000

b) $(-3)^3 \cdot 2^6$ = [(- 3) · (- 3) · (- 3)]
· (2 · 2 · 2 · 2 · 2 · 2) = - 27 · 64 = - 1 728

**Übung 3**

a) (77 : 11) · (187 · 6) = 7 · 1 122 = 7854

b) (17- 3 · 4) + [135 : (9 · 5)] =
(17 - 12) + [135 : 45] = 5 + 3 = 8

**Übung 4**

a) 16 · 55 - 16 · 25 = 16 · (55 - 25) = 16 · 30 = 480

b) (88 + 66 ) : 22 = 88 : 22 + 66 : 22 = 4 + 3 = 7

**Übung 5**

(900 : 60) · $5^4$

**Übung 6**

a) (- 5) · (- 3) · (- 1) · 20 = - 300

b) (- 2 · 5) · $(-2)^5$ = - 10 · (- 32) = 320

c) -7 ·25 - 1200 : (- 8) = - 175 - (- 150) = - 25

# 5 GEOMETRISCHE GRUNDFORMEN

## 5.1 Körper

**Übung 1**

| | Zahl der Ecken | Zahl der Flächen | Zahl der Kanten | Art der Flächen | Art der Kanten |
|---|---|---|---|---|---|
| 1 | 8 | 6 | 12 | eben | gerade |
| 2 | 8 | 6 | 12 | eben | gerade |
| 3 | 8 | 6 | 12 | eben | gerade |
| 4 | 6 | 5 | 9 | eben | gerade |
| 5 | 6 | 5 | 9 | eben | gerade |
| 6 | 12 | 8 | 18 | eben | gerade |
| 7 | - | 1 | - | gekrümmt | - |
| 8 | - | 3 | 2 | eben und gekrümmt | gekrümmt |
| 9 | - | 3 | 2 | eben und gekrümmt | gekrümmt |
| 10 | 1 | 2 | 1 | eben und gekrümmt | gekrümmt |
| 11 | 1 | 2 | 1 | eben und gekrümmt | gekrümmt |
| 12 | 4 | 4 | 6 | eben | gerade |
| 13 | 7 | 7 | 12 | eben | gerade |

**Übung 2** (verkleinerte Darstellung)

a)

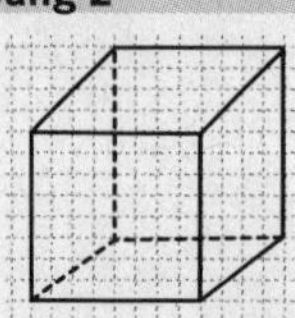

b)

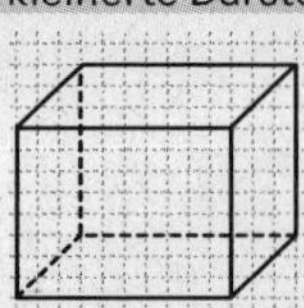

## 5.2 Flächen

**Übung 1**

| | Begrenzungsflächen |
|---|---|
| 1 | 6 Quadrate |
| 2 | 6 Rechtecke |
| 3 | 6 Rechtecke |
| 4 | 2 Dreiecke, 3 Rechtecke |
| 5 | 2 Dreiecke, 3 Rechtecke |
| 6 | 2 Sechsecke, 6 Rechtecke |
| 7 | 1 Kugeloberfläche |
| 8 | 2 Kreise, eine Mantelfläche des Zylinders |
| 9 | 2 Kreise, eine Mantelfläche des Zylinders |
| 10 | 1 Kreis, eine Mantelfläche des Kegels |
| 11 | 1 Kreis, eine Mantelfläche des Kegels |
| 12 | 4 Dreiecke |
| 13 | 1 Sechseck, 6 Dreiecke |

**Übung 2**

a) Würfel b) Zylinder, Kegel

c) Pyramide, Prisma mit Dreiecksflächen

d) Zylinder, Kegel, Kugel

e) Prisma mit Dreiecksflächen, Pyramide mit Viereck

f) Würfel, Quader, Prisma, Pyramide

**Übung 3**

a) Körper 1 ist ein Prisma, Körper 2 eine Pyramide.
b) Das Prisma hat 16 Ecken und 24 Kanten.
Die Pyramide hat 6 Ecken und 10 Kanten.
c) Das Prisma hat 10 Begrenzungsflächen, 2 Achtecke und 8 Rechtecke. Die Pyramide hat 6 Begrenzungsflächen, 1 Fünfeck und 5 Dreiecke.

**Übung 4**

a) Falsch.
b) Richtig.
c) Richtig im Sinne von mindestens vier.
Es können aber auch mehr Flächen sein.
d) Richtig.
e) Falsch. Es gibt z. B. Spielwürfel mit 20 Dreiecksflächen (Ikosaeder).

**Übung 5**

a) Abbildung 4 ist kein Würfelnetz.
Abbildung 6,8 und 9 sind keine Quadernetze.
b) Individuelle Lösungen
c) Individuelle Lösungen

## 5.3 Kanten und Linien, senkrecht und parallel

**Übung 1**

a) Die Kanten $\overline{AD}$, $\overline{EH}$, $\overline{HG}$, $\overline{DC}$ sind zur Kante $\overline{DH}$ senkrecht.
b) Die Flächen *ABCD, BCGF, FGHE* und *ADHE* sind zu *CGHD* senkrecht.
c) Die Kanten $\overline{AB}$, $\overline{EF}$, $\overline{DC}$ sind zur Kante $\overline{HG}$ parallel.
d) Die Fläche *ABFE* ist zu *CGHD* parallel.

**Übung 2**

a) $E \in AC$  b) $E \notin k$  c) $C \notin \overline{AE}$  d) $B \in k$

**Übung 3**

a) $AC \cap \overline{BD} = \{E\}$  b) $k \cap \overline{BD} = \{B; D\}$
c) $\overline{AF} \cap EC = \{A\}$  d) $\overline{ED} \cap \overline{AE} = \{E\}$

**Übung 4**

$\overline{AC} \perp CD$; $\overline{AC} \perp GB$; $\overline{EF} \perp \overline{GD}$; $CD \parallel GB$; $DE \parallel AB$

**Übung 5**

Individuelle Lösungen

## 5.4 Arbeiten im Koordinatensystem

**Übung 1**

$A(6|4)$, $B(-7|2)$, $C(-5|-2)$, $D(1|-1)$, $E(5|-3{,}5)$, $F(-3|-4)$ und $G(-1{,}5|1{,}5)$.

**Übung 2**

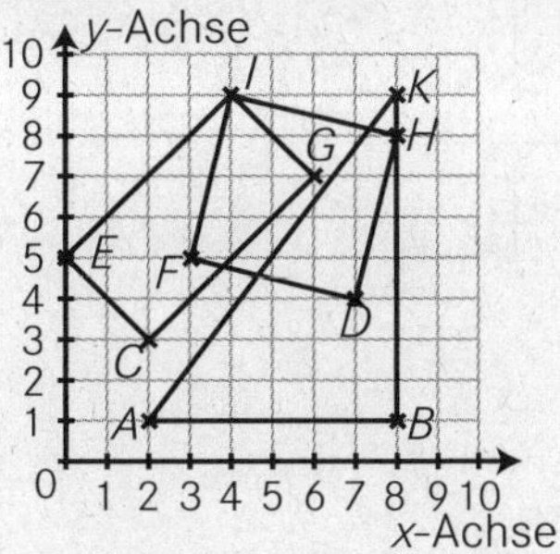


a) Eckpunkte des Quadrats: *D, H, I, F;*
Eckpunkte des Rechtecks: *C, G, I, E*
b) Es entsteht das rechtwinklige Dreieck *ABK*.
c) **Quadrat:** $u = 4 \cdot 41$ mm = 164 mm
**Rechteck:** $u$ = 57 mm + 28 mm + 57 mm + 28 mm = 170 mm = 17 cm
**Dreieck:** $u$ = 6 cm + 8 cm + 10 cm = 24 cm

**Übung 3**

b) $A(6|3)$, $B(14|7)$, $C(11|10)$ und $D(3|6)$.
c) $u$ = 89 mm + 42 mm + 89 mm + 42 mm = 262 mm
d) $s \parallel g$, $h \parallel a$
f) $g \perp RD$, $s \perp RD$, $s \perp UQ$, $g \perp UQ$.
a) e)

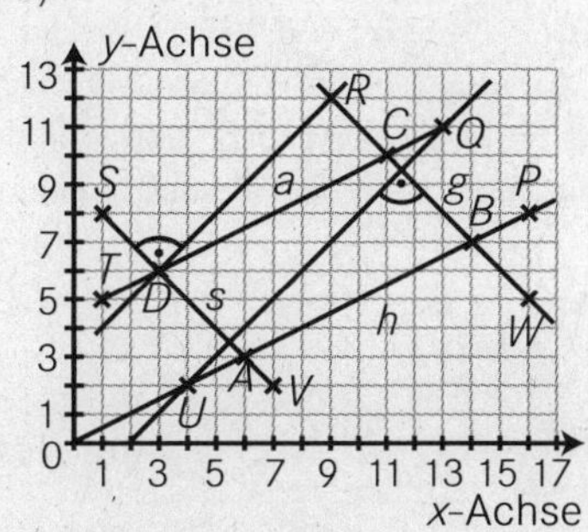

**Übung 4**

a) und c)

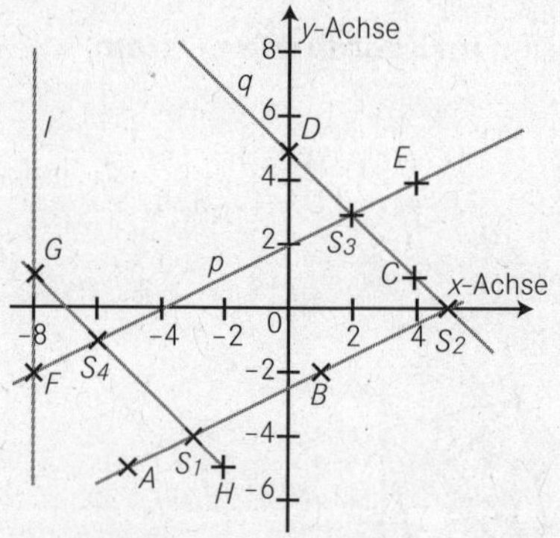


a) $S_1(-3|-4)$, $S_2(5|0)$, $S_3(2|3)$, $S_4(-6|-1)$
b) $D(0|5)$
c) $F(-8|-2)$

## 5.5 Winkel

**Übung 1**

$\alpha = 32{,}5°$; spitzer Winkel
$\beta = 90°$; rechter Winkel
$\gamma = 220°$; überstumpfer Winkel
$\delta = 300°$; überstumpfer Winkel
$\varepsilon = 132°$; stumpfer Winkel
$\varphi = 55{,}5°$; spitzer Winkel

**Übung 2**

Individuelle Lösungen.

a) 60° spitzer Winkel b) 135° stumpfer Winkel
c) 20° spitzer Winkel d) 99° stumpfer Winkel
e) 275° überstumpfer Winkel
f) 210° überstumpfer Winkel

**Übung 3**

Individuelle Lösungen.

a) Die Summe der drei Winkel sollte 180° sein.
b) Die Summe der vier Winkel sollte 360° sein.

**Übung 4**

a) Individuelle Lösungen.
b) Die gegenüberliegenden Winkel sind gleich groß, die nebeneinanderliegenden Winkel ergeben zusammen 180°.
c) –

**Übung 5**

a) 60° b) 120° c) 210°
d) 300° e) 75° f) 285°

**Übung 6**

| | $\alpha$ | $\beta$ | $\gamma$ |
|---|---|---|---|
| a) | 27° | 82° | 71° |
| b) | 55° | 90° | 35° |
| c) | 100° | 40° | 40° |
| d) | 60° | 60° | 60° |

**Übung 7**

| | $\alpha$ | $\beta$ | $\gamma$ |
|---|---|---|---|
| a) | 137° | 97° | 126° |
| b) | 180° | 143° | 37° |
| c) | 75° | 75° | 210° |
| d) | 120° | 120° | 120° |

## Test Kapitel 5

**Übung 1**

a) 1 Quadrat 2 Kegel
3 Dreieckslinie 4 Kugeloberfläche
5 Pyramide 6 Kreislinie
7 Prisma 8 Viereckslinie
9 Zylindermantel 10 Quader
11 Prisma 12 Gerade
13 Kreis 14 Würfel
15 Kegelmantel 16 Pyramide
17 Dreieck 18 Zylinder
19 Rechteck 20 Kugel

b) Zueinander parallele Flächen haben: 10, 11, 14, 18.
Zueinander senkrechte Flächen haben: 7, 10, 11, 14, 18.

c) Zueinander parallele Kanten haben: 7, 10, 11, 14.
Zueinander senkrechte Kanten haben: 7, 10, 11, 14.

d) 4, 9, 15

e) Netz aus vier Flächen: 5, 16
Netz aus fünf Flächen: 7, 11

**Übung 2** (verkleinerte Darstellung)

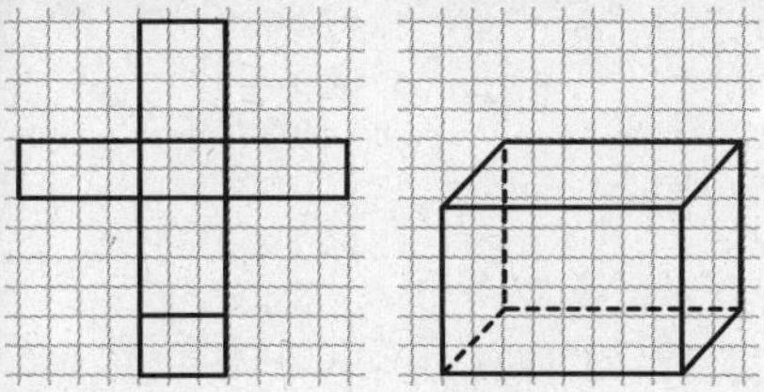

**Übung 3**

a) **Körper 1** ist aus einem Prisma und einer Pyramide zusammengesetzt. **Körper 2** ist aus einem Kegel und einer Halbkugel zusammengesetzt. **Körper 3** ist aus einem Zylinder und einem Kegel zusammengesetzt. **Körper 4** ist aus zwei Pyramiden zusammengesetzt.

b) **Körper 1** hat 7 Ecken, **Körper 2** hat eine Spitze, **Körper 3** hat eine Spitze, **Körper 4** hat 6 Ecken.

c) **Körper 1** hat 12 Kanten, **Körper 2** hat eine Begrenzungslinie, **Körper 3** hat zwei und **Körper 4** hat 12 Kanten.

d) **Körper 1** wird von 3 Rechtecken und 4 Dreiecken begrenzt. **Körper 2** wird von einem Kegelmantel und einer Halbkugeloberfläche begrenzt. **Körper 3** wird von einem Kegelmantel, einem Zylindermantel und einem Kreis begrenzt. **Körper 4** wird von 8 Dreiecken begrenzt.

**Übung 4**

b) $S(1\,|\,3)$

e) $\alpha = 37°$; $\beta = 127°$; $\gamma = 307°$; $\delta = 90°$.

f) Viereck $ABCD$ ist ein Rechteck.

h) Auf der Kreislinie liegen die Punkte $S$ und $Z$ und die Schnittpunkte von $g$ und $AC$ sowie $h$ und $BD$.

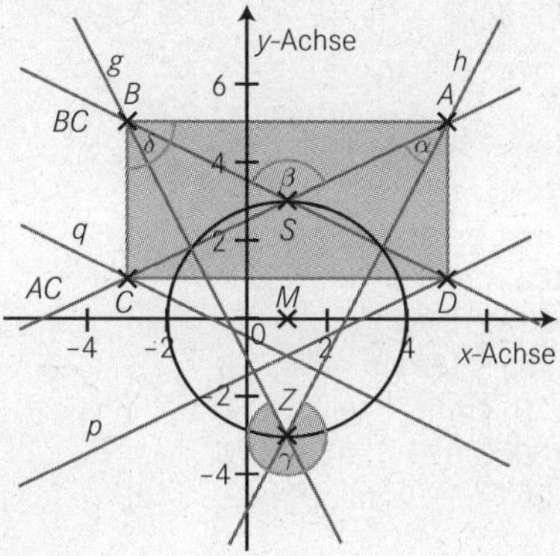


# 6 FLÄCHEN- UND VOLUMENMESSUNG

## 6.1 Flächeneinheiten

**Übung 1**

a) $840\,000\,\text{mm}^2 = 8\,400\,\text{cm}^2 = 84\,\text{dm}^2 = 0{,}84\,\text{m}^2 = 0{,}0084\,\text{a} = 0{,}000\,084\,\text{ha} = 0{,}000\,000\,84\,\text{km}^2$

b) $7\,500\,\text{dm}^2 = 75\,\text{m}^2 = 0{,}75\,\text{a} = 0{,}0075\,\text{ha}$

c) $506\,000\,\text{m}^2 = 5\,060\,\text{a} = 50{,}6\,\text{ha} = 0{,}506\,\text{km}^2$

d) $800\,200\,\text{a} = 8\,002\,\text{ha} = 80{,}02\,\text{km}^2$

e) $47\,500\,\text{ha} = 475\,\text{km}^2$

f) $650\,040\,000\,\text{dm}^2 = 6\,500\,400\,\text{m}^2 = 65\,004\,\text{a} = 650{,}04\,\text{ha} = 6{,}5004\,\text{km}^2$

**Übung 2**

a) $76\,\text{cm}^2 = 7\,600\,\text{mm}^2 = 0{,}76\,\text{dm}^2$

b) $874\,\text{dm}^2 = 87\,400\,\text{cm}^2 = 8{,}74\,\text{m}^2$

c) $9\,601\,\text{m}^2 = 960\,100\,\text{dm}^2 = 96{,}01\,\text{a}$

d) $80\,000\,\text{a} = 8\,000\,000\,\text{m}^2 = 800\,\text{ha}$

e) $66\,\text{ha} = 6\,600\,\text{a} = 0{,}66\,\text{km}^2$

f) $73\,\text{km}^2 = 7\,300\,\text{ha}$

g) $57{,}6\,\text{m}^2 = 5\,760\,\text{dm}^2 = 0{,}576\,\text{a}$

h) $73{,}056\,\text{dm}^2 = 7\,305{,}6\,\text{cm}^2 = 0{,}730\,56\,\text{m}^2$

**Übung 3**

a) 36 ha = 360 000 $m^2$
b) 86 400 a = 864 000 000 $dm^2$
c) 9 870 000 $mm^2$ = 9,87 $m^2$
d) 45 $dm^2$ = 450 000 $mm^2$
e) 6 $km^2$ = 60 000 a
f) 450 000 $dm^2$ = 45 a

**Übung 4**

a) 9834 $m^2$ = 98 a 34 $m^2$
b) 1 001 $mm^2$ = 10 $cm^2$ 1 $mm^2$
c) 90 086 $cm^2$ = 9 $m^2$ 86 $cm^2$
d) 7 080 032 $dm^2$ = 7 ha 8 a 32 $dm^2$
e) 895 623 a = 89 $km^2$ 56 ha 23 a
f) 12 345 ha = 123 $km^2$ 45 ha
g) 1 400 001 $cm^2$ = 1 a 40 $m^2$ 1 $cm^2$
h) 6 050 300 $dm^2$ = 6 ha 5 a 3 $m^2$
i) 9 182 004 $m^2$ = 9 $km^2$ 18 ha 20 a 4 $m^2$

**Übung 5**

a) 4 a 56 $m^2$ = 456 $m^2$
b) 36 $m^2$ 75 $dm^2$ = 3 675 $dm^2$
c) 4 $m^2$ 20 $cm^2$ = 40 020 $cm^2$
d) 12 $km^2$ 36 a = 120 036 a
e) 3 $m^2$ 89 $dm^2$ 75 $cm^2$ = 38 975 $cm^2$
f) 6 ha 25 a 8 $m^2$ = 62 508 $m^2$

**Übung 6**

a) 4 $km^2$ 36 ha = 43 600 a
b) 76 ha 8 a = 760 800 $m^2$
c) 98 $m^2$ 8 $dm^2$ = 980 800 $cm^2$
d) 82 $m^2$ 98 $cm^2$ = 82 009 800 $mm^2$
e) 55 a 8 $m^2$ = 55 080 000 $cm^2$
f) 6 $km^2$ 5 a 85 $m^2$ = 60 005 850 000 $cm^2$

**Übung 7**

a) Ca. 4 179 DIN-A4-Blätter überdecken ein Tennisfeld.
b) Anteil der Landfläche: 29,2 % ≈ 29 %; Anteil der Wasserfläche: 70,8 % ≈ 71 %
c) Anteil Europas an der Erdoberfläche: ≈ 2 %; Anteil Europas an der Landfläche der Erde: ≈ 7 %

d) Flächen der Erdteile

| | |
|---|---|
| Asien | 44 400 000 $km^2$ |
| Afrika | 30 300 000 $km^2$ |
| Nordamerika | 24 200 000 $km^2$ |
| Südamerika | 17 800 000 $km^2$ |
| Antarktika | 13 200 000 $km^2$ |
| Europa | 10 000 000 $km^2$ |
| Australien/Ozeanien | 8 500 000 $km^2$ |

## 6.2 Flächenberechnungen

**Übung 1**

a) $A_R$ = 16 cm · 11 cm = 176 $cm^2$
b) $A_R$ = 40 mm · 125 mm = 5 000 $mm^2$ = 50 $cm^2$
c) $A_R$ = 250 cm · 75 cm = 18 750 $cm^2$ = 187,5 $dm^2$
d) $A_R$ = 540 cm · 225 cm = 12 $m^2$ 15 $dm^2$
e) $A_R$ = 450 m · 265 m = 11 ha 92 a 50 $m^2$

**Übung 2**

a) $A_Q = a \cdot a$ = 14 cm · 14 cm = 196 $cm^2$
b) $A_Q = a \cdot a$ = 35 dm · 35 dm = 1 225 $dm^2$
c) $A_Q = a \cdot a$ = 2 m 90 cm · 2 m 90 cm = 290 cm · 290 cm = 84 100 $cm^2$ = 841 $dm^2$ = 8 $m^2$ 41 $dm^2$
d) $A_Q = a \cdot a$ = 14,3 m · 14,3 m = 143 dm · 143 dm = 20 449 $dm^2$ = 204,49 $m^2$

**Übung 3**

| | a) | b) |
|---|---|---|
| Länge *a* | 16 cm | 8 dm |
| Breite *b* | 8 cm | 15 cm |
| Flächeninhalt $A_R$ | 128 $cm^2$ | 12 $dm^2$ |
| Umfang $u_R$ | 48 cm | 190 cm |

| c) | d) | e) |
|---|---|---|
| 50 cm | 2,5 m | 900 m |
| 16 cm | 15 dm | 350 m |
| 8 $dm^2$ | 375 $dm^2$ | 3 150 a |
| 132 cm | 8 m | 2,5 km |

**Übung 4**

| | Länge *a* | Flächeninhalt $A_Q$ | Umfang $u_Q$ |
|---|---|---|---|
| a) | 25 mm | 625 $mm^2$ | 10 cm |
| b) | 3,5 m | 12,25 $m^2$ | 14 m |
| c) | 80 cm | 64 $dm^2$ | 3,2 m |
| d) | 14 cm | 196 $cm^2$ | 56 cm |
| e) | 20 m | 4 a | 80 m |

### Übung 5

| | Länge | Breite | Flächeninhalt |
|---|---|---|---|
| Rechteck 1 | 11 cm | 1 cm | $11\,cm^2$ |
| Rechteck 2 | 10 cm | 2 cm | $20\,cm^2$ |
| Rechteck 3 | 9 cm | 3 cm | $27\,cm^2$ |
| Rechteck 4 | 8 cm | 4 cm | $32\,cm^2$ |
| Rechteck 5 | 7 cm | 5 cm | $35\,cm^2$ |
| Rechteck 6 | 6 cm | 6 cm | $36\,cm^2$ |

Es gibt 6 verschiedene Rechtecke, auf die die Bedingungen zutreffen. Das Rechteck mit dem größten Flächeninhalt ist ein Quadrat.

### Übung 6

a) Seite $\overline{AB} = 7\,cm$, Seite $\overline{AC} = 3\,cm$.

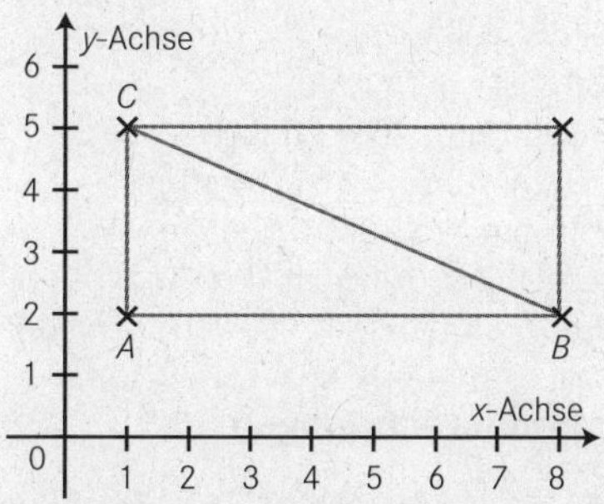


b) $A_R = 7\,cm \cdot 3\,cm = 21\,cm^2$;
$A_{Dreieck} = A_R : 2 = 10{,}5\,cm^2$

### Übung 7

Es gibt unendlich viele Möglichkeiten, ein solches Parallelogramm zu zeichnen. Die beiden 7 cm langen Seiten müssen einen Abstand von 4 cm besitzen.

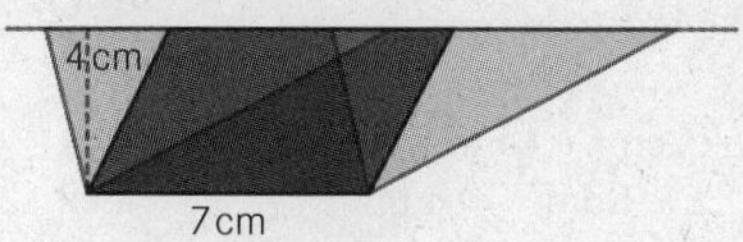


## 6.3 Flächeninhalt bei zusammengesetzten Figuren

### Übung 1

a) Zerlegungsmethode: $A = A_I + A_{II}$
$= 10\,cm \cdot 4\,cm + 4\,cm \cdot 4\,cm$
$= 40\,cm^2 + 16\,cm^2 = 56\,cm^2$

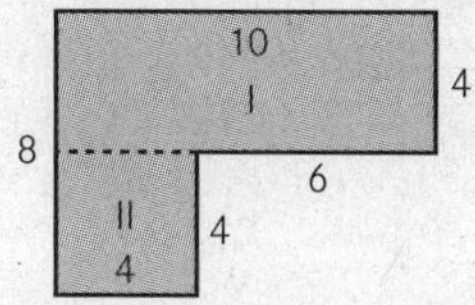


b) Ergänzungsmethode: $A = A_Q - A_I$
$= 6\,cm \cdot 6\,cm - 2\,cm \cdot 2\,cm$
$= 36\,cm^2 - 4\,cm^2 = 32\,cm^2$

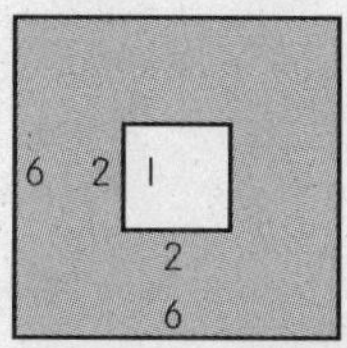


c) Ergänzungsmethode: $A = A_Q - (A_I + A_{II})$
$= 8\,cm \cdot 8\,cm - (3\,cm \cdot 1\,cm + 3\,cm \cdot 4\,cm)$
$= 64\,cm^2 - (3\,cm^2 + 12\,cm^2)$
$= 64\,cm^2 - 15\,cm^2 = 49\,cm^2$

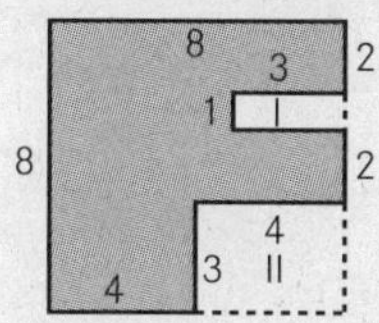


d) Zerlegungsmethode: $A = A_I + A_{II}$
$= 15\,cm \cdot 4\,cm + 2\,cm \cdot 5\,cm$
$= 60\,cm^2 + 10\,cm^2 = 70\,cm^2$

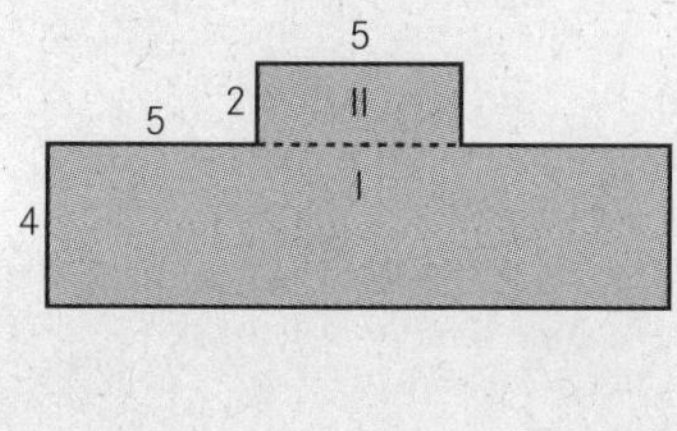

## 6.4 Die Oberfläche von Quader und Würfel

**Übung 1**

a) $O_W = 6 \cdot 4\,\text{cm} \cdot 4\,\text{cm} = 96\,\text{cm}^2$
b) $O_W = 150\,\text{dm}^2 = 1\,\text{m}^2\ 50\,\text{dm}^2$
c) $O_W = 1\,\text{dm}^2\ 68\,\text{cm}^2\ 54\,\text{mm}^2$
d) $O_W = 33\,750\,\text{cm}^2 = 3\,\text{m}^2\ 37\,\text{dm}^2\ 50\,\text{cm}^2$

**Übung 2**

a) $O_Q = 20\,\text{dm}^2 + 30\,\text{dm}^2 + 12\,\text{dm}^2 = 62\,\text{dm}^2$
b) $O_Q = 15\,\text{m}^2 + 12\,\text{m}^2 + 10\,\text{m}^2 = 37\,\text{m}^2$
c) $O_Q = 65\,\text{dm}^2\ 20\,\text{cm}^2$
d) $O_Q = 9\,\text{m}^2\ 50\,\text{dm}^2$

**Übung 3**

a) $O_{\text{Körper}} = O_I + O_{II} = 96\,\text{cm}^2 + 120\,\text{cm}^2 = 216\,\text{cm}^2$

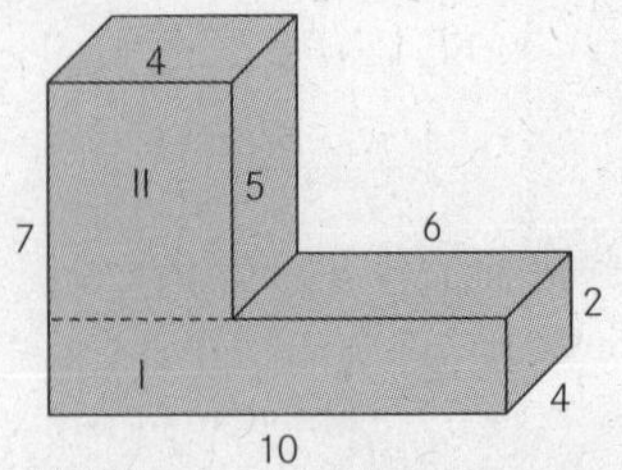


b) $O_{\text{Körper}} = O_I + O_{II} = 96\,\text{cm}^2 + 256\,\text{cm}^2 = 352\,\text{cm}^2$

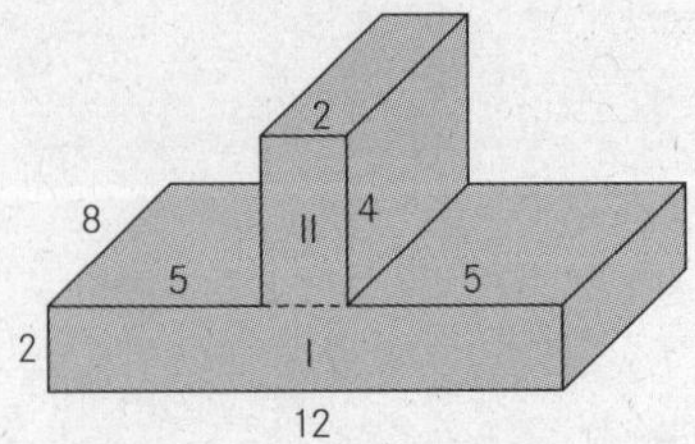


## 6.5 Volumeneinheiten

**Übung 1**

a) $37\,000\,\text{mm}^3 = 37\,\text{cm}^3 = 0{,}037\,\text{dm}^3$
b) $47\,000\,\text{cm}^3 = 47\,\text{dm}^3 = 0{,}047\,\text{m}^3$
c) $2\,050\,000\,\text{dm}^3 = 2\,050\,\text{m}^3$
d) $70\,040\,000\,\text{cm}^3 = 70\,040\,\text{dm}^3 = 70{,}04\,\text{m}^3$
e) $32\,650\,000\,000\,\text{cm}^3 = 32\,650\,000\,\text{dm}^3$
$= 32\,650\,\text{m}^3$

**Übung 2**

a) $37\,\text{cm}^3 = 37\,000\,\text{mm}^3 = 0{,}037\,\text{dm}^3$
b) $458\,\text{dm}^3 = 458\,000\,\text{cm}^3 = 0{,}458\,\text{m}^3$
c) $2\,202\,\text{m}^3 = 2\,202\,000\,\text{dm}^3$
d) $7\,500\,\text{m}^3 = 7\,500\,000\,\text{dm}^3$
e) $6\,006\,\text{dm}^3 = 6\,006\,000\,\text{cm}^3 = 6{,}006\,\text{m}^3$
f) $7\,\text{km}^3 = 7\,000\,000\,000\,\text{m}^3$

**Übung 3**

a) $8\,432\,\text{cm}^3 = 8\,\text{dm}^3\ 432\,\text{cm}^3$
b) $3\,004\,\text{dm}^3 = 3\,\text{m}^3\ 4\,\text{dm}^3$
c) $240\,387\,\text{mm}^3 = 240\,\text{cm}^3\ 387\,\text{mm}^3$
d) $4\,387\,\text{l} = 43\,\text{hl}\ 87\,\text{l}$ oder $4\,387\,\text{l} = 4\,387\,\text{dm}^3$
$= 4\,\text{m}^3\ 387\,\text{dm}^3$

**Übung 4**

a) $1\,\text{m}^3\ 730\,\text{dm}^3 = 1\,730\,\text{dm}^3$
b) $400\,\text{dm}^3\ 25\,\text{cm}^3 = 400\,025\,\text{cm}^3$
c) $6\,\text{m}^3\ 370\,\text{dm}^3\ 40\,\text{cm}^3 = 6\,370\,040\,\text{cm}^3$
d) $75\,\text{dm}^3\ 15\,\text{mm}^3 = 75\,000\,015\,\text{mm}^3$
e) $4\,\text{m}^3\ 5\,\text{cm}^3 = 4\,000\,005\,\text{cm}^3$
f) $47\,\text{m}^3\ 1\,\text{dm}^3\ 65\,\text{mm}^3 = 47\,001\,000\,065\,\text{mm}^3$

## 6.6 Volumenberechnungen

**Übung 1**

a) $V_Q = 1\,\text{dm}^3\ 620\,\text{cm}^3 = 1{,}62\,\text{dm}^3$
b) $V_Q = 15\,\text{m}^3\ 750\,\text{dm}^3 = 15{,}75\,\text{m}^3$
c) $V_Q = 20\,000\,\text{dm}^3 = 20\,\text{m}^3$
d) $V_Q = 2\,\text{dm}^3\ 250\,\text{cm}^3 = 2{,}25\,\text{dm}^3$
e) $V_Q = 22\,\text{m}^3\ 500\,\text{dm}^3 = 22{,}5\,\text{m}^3$

**Übung 2**

a) $V_W = 1{,}331\,\text{dm}^3 \approx 1\,\text{dm}^3$
b) $V_W = 13{,}824\,\text{m}^3 \approx 14\,\text{m}^3$
c) $V_W = 3{,}375\,\text{m}^3 \approx 3\,\text{m}^3$
d) $V_W = 15\,625\,\text{cm}^3 = 15{,}625\,\text{dm}^3 \approx 16\,\text{dm}^3$
e) $V_W = 3{,}723\,875\,\text{dm}^3 \approx 4\,\text{dm}^3$

**Übung 3**

a) $V_Q = 12\,600\,\text{cm}^3 = 12\,\text{dm}^3\ 600\,\text{cm}^3$
b) $V_Q = 9\,000\,\text{dm}^3 = 9\,\text{m}^3$
c) $V_Q = 10\,000\,\text{cm}^3 = 10\,\text{dm}^3$
d) $V_Q = 25\,000\,\text{dm}^3 = 25\,\text{m}^3$
e) $V_Q = 6\,105\,\text{dm}^3 = 6\,\text{m}^3\ 105\,\text{dm}^3$

### Übung 4

| | a) | b) | c) | d) |
|---|---|---|---|---|
| Länge *a* | 12 cm | 6 dm | 8 cm | 100 dm |
| Breite *b* | 5 cm | 8 dm | 10,5 cm | 1 dm |
| Höhe *h* = *c* | 10 cm | 45 cm | 30 cm | 1 m |
| Grundfläche *G* | 60 cm² | 48 dm² | 84 cm² | 1 m² |
| Volumen $V_Q$ | 600 cm³ | 216 dm³ | 2,52 dm³ | 1 m³ |
| Oberfläche $O_Q$ | 460 cm² | 222 dm² | 1 278 cm² | 2 220 dm² |

## 6.7 Volumen zusammengesetzter Körper

### Übung 1

a) Zerlegungsmethode: $V_{\text{Körper}} = V_I + V_{II}$
$= 80\,\text{cm}^3 + 80\,\text{cm}^3 = 160\,\text{cm}^3$

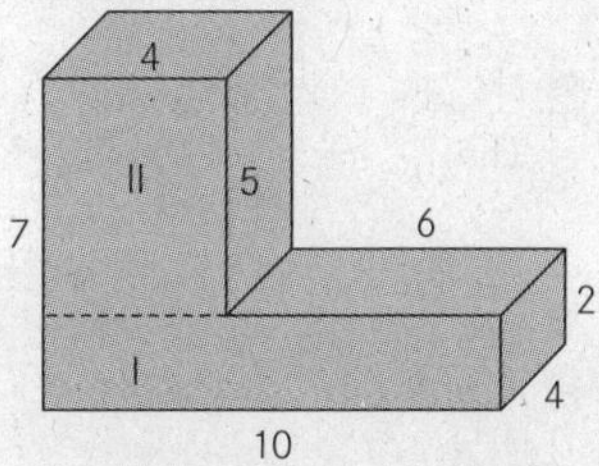


b) Zerlegungsmethode: $V_{\text{Körper}} = V_I + V_{II}$
$= 192\,\text{cm}^3 + 64\,\text{cm}^3 = 256\,\text{cm}^3$

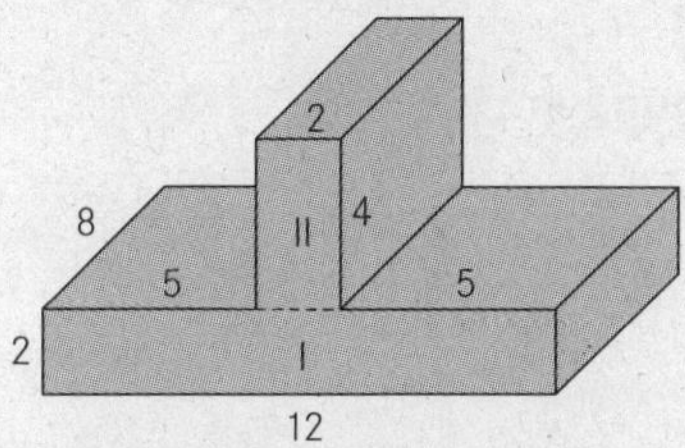


c) Ergänzungsmethode: $V_{\text{Körper}} = V_{\text{Quader}} - V_I$
$= 4\,800\,\text{cm}^3 - 768\,\text{cm}^3 = 4\,\text{dm}^3\ 32\,\text{cm}^3$

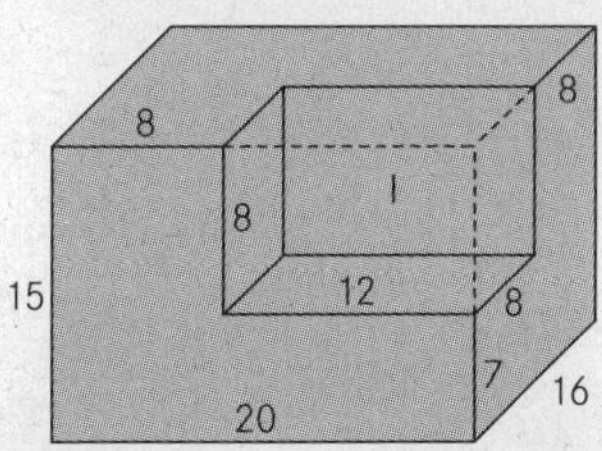


d) Zerlegungsmethode: $V_{Körper} = V_I + V_{II} + V_{III}$
$= 18\,\text{cm} \cdot 20\,\text{cm} \cdot 4\,\text{cm} + 12\,\text{cm} \cdot 20\,\text{cm} \cdot 4\,\text{cm}$
$+ 6\,\text{cm} \cdot 20\,\text{cm} \cdot 4\,\text{cm} = 1\,440\,\text{cm}^3 + 960\,\text{cm}^3$
$+ 480\,\text{cm}^3 = 2\,880\,\text{cm}^3 = 2\,\text{dm}^3\ 880\,\text{cm}^3$

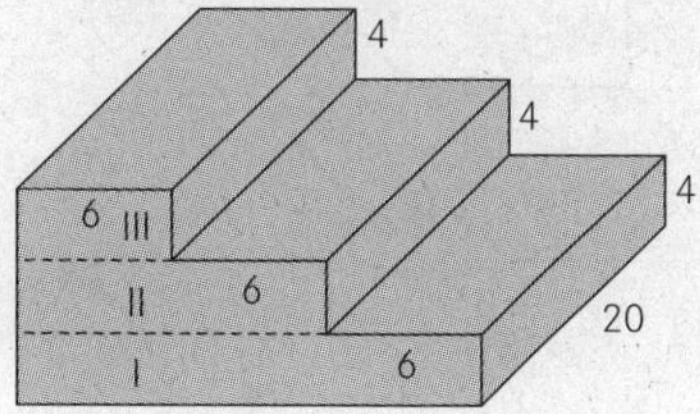


## Test Kapitel 6

### Übung 1

a) $45\,000\,\text{cm}^2 = 4\,500\,000\,\text{mm}^2 = 450\,\text{dm}^2$
$76\,\text{ha} = 7\,600\,\text{a} = 0{,}76\,\text{km}^2$
$9\,008{,}8\,\text{dm}^2 = 900\,880\,\text{cm}^2 = 90{,}088\,\text{m}^2$

b) $87\,635\,\text{dm}^2 = 876{,}35\,\text{m}^2$
$25\,015\,005\,285\,\text{mm}^2 = 2\,501\,500{,}5285\,\text{dm}^2$

### Übung 2

a) $O_Q = 2 \cdot a \cdot b + 2 \cdot a \cdot c + 2 \cdot b \cdot c$
$= 2 \cdot 15\,\text{cm} \cdot 10\,\text{cm} + 2 \cdot 15\,\text{cm} \cdot 30\,\text{cm}$
$+ 2 \cdot 10\,\text{cm} \cdot 30\,\text{cm} = 1\,800\,\text{cm}^2 = 18\,\text{dm}^2$

b) $O_W = 6 \cdot a \cdot a = 6 \cdot 12\,\text{cm} \cdot 12\,\text{cm} = 864\,\text{cm}^2$

### Übung 3

Ergänzungsmethode: $A = A_R - (A_I + A_{II})$
$= 112\,\text{cm}^2 - (6\,\text{cm}^2 + 24\,\text{cm}^2) = 82\,\text{cm}^2$.

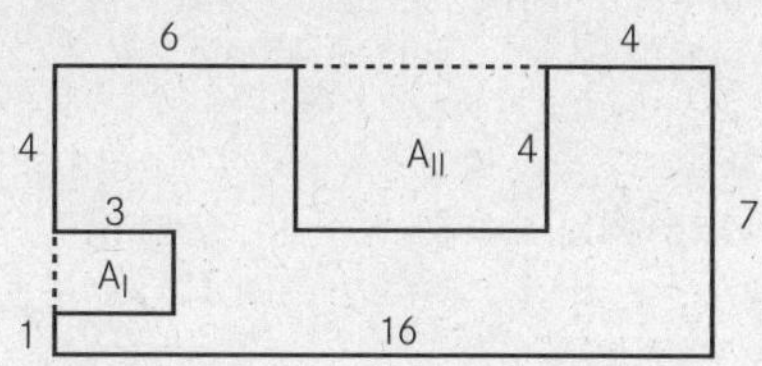


### Übung 4

a) $4\,760\,000\,\text{cm}^3 = 4\,760\,\text{dm}^3 = 4{,}760\,\text{m}^3$

b) $37\,\text{m}^3 = 37\,000\,000\,\text{cm}^3 = 37\,000\,\text{l} = 370\,\text{hl}$

### Übung 5

a) $V_Q = a \cdot b \cdot c = 5\,\text{m} \cdot 3\,\text{m} \cdot 2\,\text{m} = 30\,\text{m}^3$

b) $V_W = a \cdot a \cdot a = a^3 = (15\,\text{cm})^3 = 3\,375\,\text{cm}^3$

**Übung 6**

Zerlegungsmethode: $V_{Körper} = V_I + V_{II} + V_{III}$
$= 120\,cm^3 + 108\,cm^3 + 36\,cm^3 = 264\,cm^3$

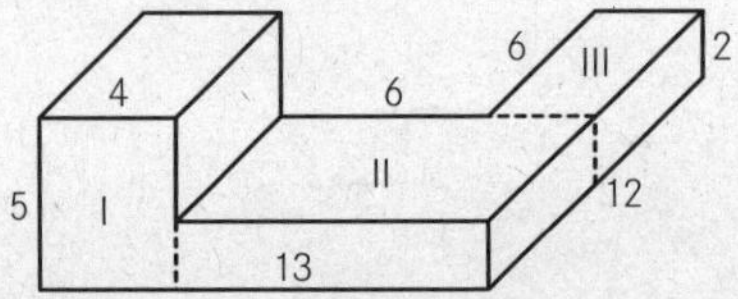


# 7 SACHAUFGABEN

## 7.1 Rechnen mit Größen

**Übung 1**

a) 1 m 99 cm 9 mm b) 21 km 5 m
c) 51 kg 47 g d) 223 t 350 kg
e) 11 h 17 min 10 s f) 13 h

**Übung 2**

a) 34 kg 60 g b) 8 t 805 kg
c) 1 m 41 cm 3 mm d) 2 h 6 min 19 s
e) 18 km 880 m f) 12 m 1 dm 8 cm
g) 49 min 31 s h) 15 kg 755 g

**Übung 3**

a) 2 t 975 kg b) 10 km 210 m
c) 12 t 515 kg d) 2 km 175 m
e) 4 m 8 dm 1 cm 5 mm f) 3 h 15 min
g) 2 h 7 min h) 2 h 45 min

**Übung 4**

a) 34,545 kg b) 1,456 km c) 5,43 m
d) 1,3 kg e) 1,55 m f) 4,238 m
g) 8,238 m

**Übung 5**

a) 7,458 km b) 1,55 m c) 1,456 km
d) 6,92 m e) 5,43 m f) 34,545 kg
g) 4,75 t h) 2,425 kg i) 1,3 kg

**Übung 6**

a) 152,35 t = 152 t 350 kg
b) 16 h 15 min = $16\frac{1}{4}$ h c) 1 m 21 cm = 1,21 m

**Übung 7**

a) 6,45 € b) 15,30 € c) 61,80 €
d) 6 kg 750 g e) 11 m f) 17 h 40 min

**Übung 8**

a) 43 Cent b) 51 Cent c) 55 cm
d) 450 g e) 400 m f) 53 min

**Übung 9**

a) $24\,m^2$ b) 20 c) $6\,000\,cm^2$
d) 5 e) 5 m f) $60\,\frac{km}{h}$

## 7.2 Gleichungen

**Übung 1**

a) $x = 240$ b) $x = 317$ c) $x = 180$
d) $x = 568$ e) $x = 8$ f) $x = 16$
g) $x = 488$ h) $x = 32$ i) $x = 17$

**Übung 2**

a) $238 + x = 762$; die gesuchte Zahl ist 524.
b) $x - 529 = 495$; die gesuchte Zahl ist 1 024.
c) $1\,722 - x = 811$; die gesuchte Zahl ist 911.
d) $x - (145 + 298) = 741$; die gesuchte Zahl ist 1 184.
e) $(1\,250 - 583) + x = 291 + 964$; die gesuchte Zahl ist 588.

### Übung 3
Individuelle Lösungen möglich. Z. B.
a) Welche Zahl muss ich von 450 subtrahieren, um 210 zu erhalten?
b) Welche Zahl muss ich zu 308 addieren, um 625 zu erhalten?
c) Zu welcher Zahl muss ich 945 addieren, um 1 125 zu erhalten?
d) Von welcher Zahl muss ich 124 subtrahieren, um 444 zu erhalten?
e) Mit welcher Zahl muss ich 210 multiplizieren, um 1 680 zu erhalten?
f) Durch welche Zahl muss ich 4 000 dividieren, um 250 zu erhalten?
g) Welche Zahl muss ich durch 61 dividieren, um 8 zu erhalten?
h) Durch welche Zahl muss ich 256 dividieren, um 8 zu erhalten?
i) Welche Zahl muss ich mit 17 multiplizieren, um 289 zu erhalten?

### Übung 4
a) $x \cdot 26 = 312$; die gesuchte Zahl ist 12.
b) $x : 44 = 22$; die gesuchte Zahl ist 968.
c) $1\,605 : x = 321$; die gesuchte Zahl ist 5.
d) $(12^2 \cdot 55) : x = 60$; die gesuchte Zahl ist 132.
e) $x \cdot (1\,920 : 24) = 2^5 \cdot 15$; die gesuchte Zahl ist 6.

### Übung 5
| | | |
|---|---|---|
| a) $x = 12$ | b) $x = -7$ | c) $x = -20$ |
| d) $x = 10$ | e) $x = -3$ | f) $x = -16$ |
| g) $x = -488$ | h) $x = -32$ | i) $x = -17$ |

## 7.3 Lösungsstrategien für Sachaufgaben

### Übung 1
**Gegeben:** 2 · 5 € bezahlt
Ausgaben: 1,09 € + 4,39 € + 2,60 €
Restgeld: 5 Münzen
**Gesucht:** Wert und Anzahl der Münzen
**Lösung:**
(2 · 5 €) – (1,09 € + 4,59 € + 2,60 €) = 1,72 €.
**Antwort:** Für die fünf Münzen, die Bea zurückbekommt, gibt es verschiedene Möglichkeiten:
1 €, 50 Cent, 20 Cent, 1 Cent, 1 Cent oder
1 €, 50 Cent, 10 Cent, 10 Cent, 2 Cent oder
50 Cent, 50 Cent, 50 Cent, 20 Cent, 2 Cent.

### Übung 2
**Gegeben:** Wandlänge: 3,82 m
Breite des Schranks: 1,87 m
Breite des Betts: 95 cm
**Gesucht:** maximale Breite des Schreibtischs
**Lösung:** 3,82 m – (1,87 m + 95 cm) = 1 m
**Antwort:** Der Schreibtisch darf höchstens 1 m breit sein.
Zeichnung im Maßstab 1 : 75:

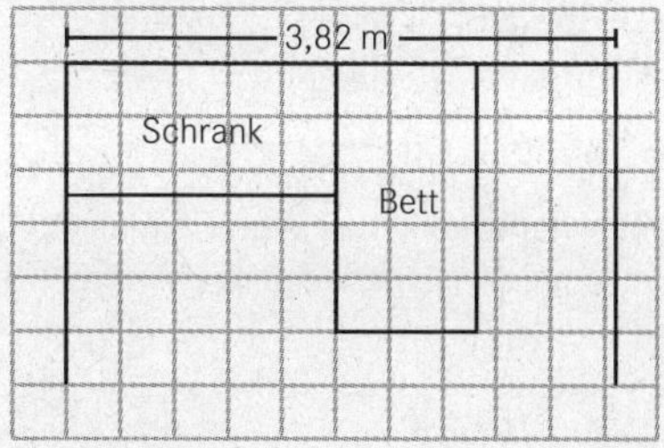


### Übung 3
**Gegeben:** Geld: 20 € + 15 €
Ausgaben: 8,98 € + 3,40 € + 3,45 € + 1,47 € + 4,45 € + 2,69 €
Preis für die Familienpizza: 12,50 €
Preis für die Pizza Spezial: 6,50 €.
**Gesucht:** Restgeld
**Lösung:** Die Höhe des Restgeldes entscheidet, was sie noch bestellen können:
(20 € + 15 €) – (8,98 € + 3,40 € + 3,45 € + 1,47 € + 4,45 € + 2,69 €) = 10,56 €
Antwort: Sie können noch eine Pizza Spezial bestellen.

### Übung 4
**Gegeben:** Zahl der Schüler: 25
Zahl der Übernachtungen: 3
Preis für eine Übernachtung: 15,50 €
Preis für die Busfahrt: 380 €
Eintrittspreis pro Schüler: 5,50 €
**Gesucht:** Kosten pro Schüler
**Lösung:**
3 · 15,50 € + 380 € : 25 + 5,50 € = 67,20 €
Antwort: Ein Schüler muss 67,20 € zahlen.

**Übung 5**

**Gegeben:** 5-l-Tank
Preis für einen Liter Benzin: 1,449 €
Preis fürs Tanken: 100 € – 26,83 €
Entfernung zur Tankstelle: 60 km
Verbrauch pro 100 km: 9,5 l
**Gesucht:** Inhalt vor dem Tanken;
Benzin für die Fahrt zur Tankstelle
**Lösung:** Inhalt vor dem Tanken:
55 l – [(100 € – 26,83 €) : 1,449 € · 1 l] ≈ 4,5 l
Benzin für die Fahrt zur Tankstelle:
9,5 l : 100 · 60 = 5,7 l
**Antwort:** Er hätte nicht ohne zu tanken bis zur 60 km entfernten Tankstelle in seinem Heimatort fahren können. (Hier sind auch andere Lösungswege möglich.)

## Test Kapitel 7

**Übung 1**

a) 4 m 30 cm b) 1 km 750 m
c) 7 kg 500 g d) 1 km 250 m

**Übung 2**

a) 291,60 € b) 1 h 43 min
c) 0,42 l d) 82 cm

**Übung 3**

a) 2 $m^2$ b) 7 $m^2$ c) 4
d) 500 g e) 63 $\frac{km}{h}$ f) 6 m

**Übung 4**

a) 257 – $x$ = 176; die gesuchte Zahl ist 81.
b) $x$ · 13 = 221; die gesuchte Zahl ist 17.
c) 405 : $x$ = 27; die gesuchte Zahl ist 15.

**Übung 5**

**Gegeben:**
Kilometerstand vor der Abfahrt: 2 357 km
Kilometerstand nach der Tour: 2 505 km
Streckenlänge am 1. Tag: 34 km
Streckenlänge am 2. Tag: 37 km
Streckenlänge am 3. Tag: 41 km
**Gesucht:** Länge der Tour;
Streckenlänge am 4. Tag
**Lösung:**
Länge der Tour:
2 505 km – 2 357 km = 148 km
Streckenlänge am 4. Tag:
148 km – (34 km + 37 km + 41 km) = 36 km
**Antwort:** Die Radtour war insgesamt 148 km lang. Am vierten Tag hat Bernd 36 km zurückgelegt.

www.cornelsen.de

Dieser Band folgt den Regeln der deutschen Rechtschreibung, die seit August 2006 gelten.

5. 4. 3. 2. 1. Die letzten Ziffern bezeichnen
12 11 10 09 08 Zahl und Jahr der Auflage.



Printed in Poland
ISBN 978-3-589-22660-3

Gedruckt auf säurefreiem Papier,
umweltschonend hergestellt aus chlorfrei gebleichten Faserstoffen.

**5 Schreibe ohne Komma.**

a) 2,05 € b) 0,07 € c) 1,05 m
d) 3,85 km e) 2,07 kg f) 23,5 dm

**6 Wandle in die nächstkleinere Einheit um.**

a) 0,057 km b) 0,22 m c) 2,5 cm
d) 0,5 kg e) 5,7 g f) 0,03 t

**7 Wandle in die angegebene Einheit um.**

a) 235 cm [m] b) 4 m 5 cm [m] c) 380 m [km]
d) 450 kg [t] e) 2 350 g [kg] f) 30 g 50 mg [g]

**8 Wandle in die nächstniedrigere und in die nächsthöhere Einheit um.**

a) 356,5 g b) 1 350,5 kg c) 23,75 cm
d) 17,35 dm e) 0,25 m f) 235,75 m

**9 Wandle in die angegebene Einheit um.**
Vorsicht: Die Umrechnungszahlen bei Zeiten sind keine Stufenzahlen.

a) 1,5 h [min] b) 0,5 d [h] c) 1,25 min [s]
d) 0,5 a [d] e) 0,25 h [s] f) 135 min [h]

## 1.2 Schätzen und Runden

**Erinnere dich!**

Im Alltag werden oft gerundete oder geschätzte Größenangaben verwendet, weil exaktere Werte nicht gemessen werden können oder auch unsinnig sind.
Beispiel: Runde die Zahl 1 573 auf Zehner (1 570), auf Hunderter (1 600) und auf Tausender (2 000).

**Rundungsregel**

Ist die Ziffer nach der Rundungsstelle 0, 1, 2, 3 oder 4, so wird abgerundet; ist die Ziffer nach der Rundungsstelle 5, 6, 7, 8 oder 9, so wird aufgerundet.

Beispiel: 17,65 m ≈ 18 m. Da nach der Rundungsstelle die Ziffer 6 steht, wird aufgerundet.

**1 Runde auf die angegebene Einheit.**

a) 13,49 € [€]
b) 254 Cent [€]
c) 3 € 9 Cent [€]
d) 1 890 kg [t]
e) 2 380 g [kg]
f) 3 g 80 mg [g]

**2 Runde auf die angegebene Einheit und achte dabei auf das Komma.**

a) 287,5 cm [m]
b) 2,37 dm [cm]
c) 1 279 m [km]
d) 0,0357 kg [g]
e) 874,5 mg [g]
f) 157 min [h]

**3 Schätze.**

a) Wie viele Stunden sitzt du jede Woche vor dem Fernseher?
b) Wie viele Grundschüler gibt es in Berlin?
c) Wie viele Schüler deiner Schule haben im Januar Geburtstag?
d) Wie viele Liter Wasser passen in eine Badewanne?
e) Wie viele Zimmer hat deine Schule?
f) Wie viele Meter ist ein Fußballplatz lang und breit?

**4 Runde, wo es sinnvoll ist.**

a) Die Stadt Berlin hat 3 405 259 Einwohner.
b) Der ICE fährt um 15:37 Uhr in Frankfurt ab.
c) Die Kontonummer lautet 135 647 248.
d) Zum Bundesligaspiel des FC Bayern werden 56 347 Zuschauer erwartet.
e) Die Stadt Nürnberg hat 1 582 357 453,57 € Schulden.

## 1.3 Maßstab

**Erinnere dich!**

Der Maßstab gibt an, wie sehr in einem Plan oder einem Modell die Längen im Vergleich zur Wirklichkeit verändert sind.

Beispiele:

Der Maßstab 1 : 20 000 bei einem Stadtplan gibt an, dass in Wirklichkeit jede Strecke 20 000-mal so lang wie im Plan ist.

Ist eine Strecke in diesem Plan 3 cm lang, so gilt für die Strecke in Wirklichkeit: 3 cm · 20 000 = 60 000 cm = 600 m.

Ist die Strecke in Wirklichkeit 5 km, so gilt für ihre Länge in diesem Stadtplan: 5 km : 20 000 = 500 000 cm : 20 000 = 25 cm.

Ist das Modell eines 4,8 m langen Autos 4 cm lang, dann berechnest du den Maßstab so: 4,8 m : 4 cm = 480 cm : 4 cm = 120.

Der Maßstab ist 1 : 120.

**1 Welcher wirklichen Länge entspricht 1 cm auf einem Plan?**

a) beim Maßstab 1 : 100
b) beim Maßstab 1 : 100 000
c) beim Maßstab 1 : 15 000
d) beim Maßstab 1 : 20 000 000

**2 Berechne die Länge in Wirklichkeit aus der Länge im Plan.**

a) 5 cm; Maßstab 1 : 20 000
b) 4 cm; Maßstab 1 : 250 000
c) 3,5 cm; Maßstab 1 : 50 000
d) 25 mm; Maßstab 1 : 40 000 000

**3 Berechne die Länge im Plan aus der Länge in Wirklichkeit.**

a) 1 km; Maßstab 1 : 20 000
b) 45 km; Maßstab 1 : 250 000
c) 3,5 km; Maßstab 1 : 50 000
d) 1,2 m; Maßstab 1 : 50

**4 Berechne den Maßstab.**

a) 5 km sind im Plan 5 cm.
b) 400 m sind im Plan 8 cm.
c) 3 500 km sind im Plan 7 cm.
d) 5,6 m sind im Modell 35 mm.

**5 Ordne den Karten den richtigen Maßstab zu.**

Autokarte, Europakarte, Stadtplan, Wanderkarte, Weltkarte, Wohnungsplan

1 : 250 000; 1 : 40 000 000; 1 : 15 000; 1 : 100; 1 : 15 000 000; 1 : 50 000

**6 Im „Legoland" sind berühmte Gebäude im Maßstab 1 : 20 nachgebaut.**

a) Wie hoch ist dort der Eiffelturm?
b) Wie lang wäre dort die Golden Gate Bridge?
c) Wie hoch wäre dort das höchste Hochhaus der Erde?

**7 Die Nürnberger Altstadt im Maßstab 1 : 20 000**

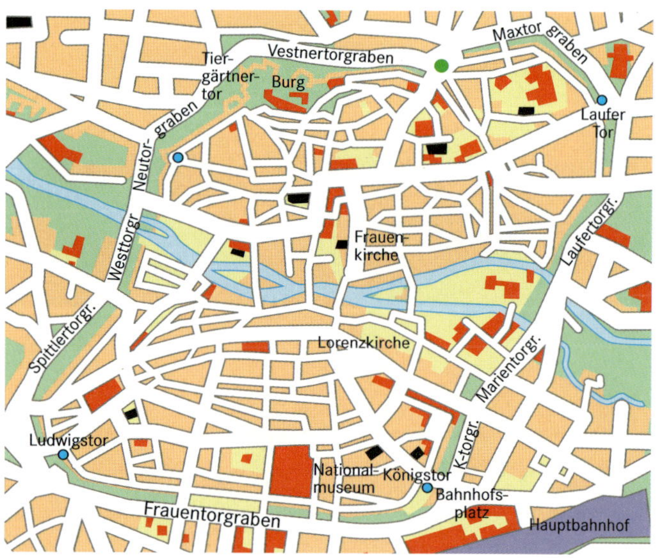


a) Wie weit ist das Laufer Tor vom Ludwigstor entfernt?
b) Wie weit ist es vom Laufer Tor über den Bahnhofsplatz zum Ludwigstor?
c) Wie lang braucht man für einen Spaziergang um die Nürnberger Altstadt, wenn man in der Minute 100 m zurücklegt?
d) Wie schnell läuft ein Fußgänger, wenn er die Altstadt entlang dem Fluss Pegnitz in 20 Minuten durchquert?

## 1.4 Sammeln und Darstellen von Daten

**Erinnere dich!**

Gesammelte Daten können durch **Strichlisten, Tabellen** und verschiedene **Diagramme** dargestellt werden.
Beispiel: Von den Schülerinnen und Schülern der Klasse 5b kommen vier zu Fuß, sieben fahren mit dem Rad, vier nehmen den Bus, neun werden mit dem Auto gebracht und zwei fahren mit der Straßenbahn.

| **Verkehrsmittel** | **Strichliste** |
|---|---|
| zu Fuß | IIII |
| Fahrrad | ~~IIII~~ II |
| Bus | IIII |
| Auto | ~~IIII~~ IIII |
| Straßenbahn | II |

**Figurendiagramm (Piktogramm)**

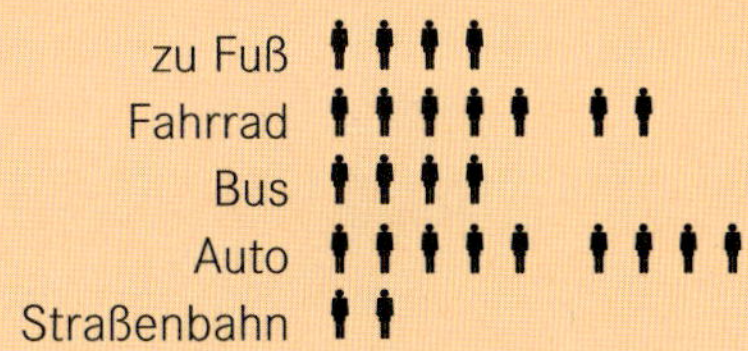


**Säulendiagramm**

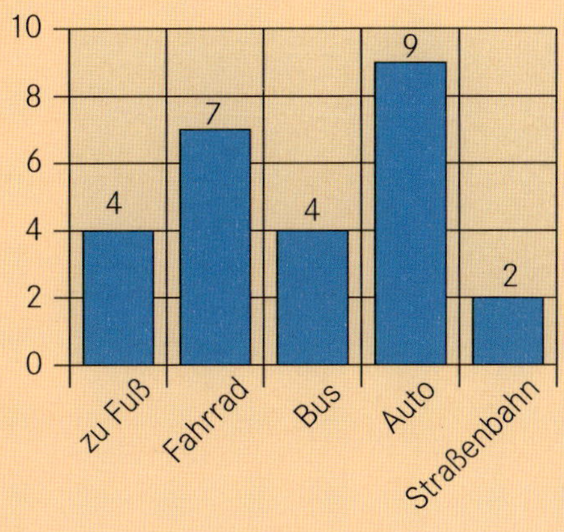


**Balkendiagramm**

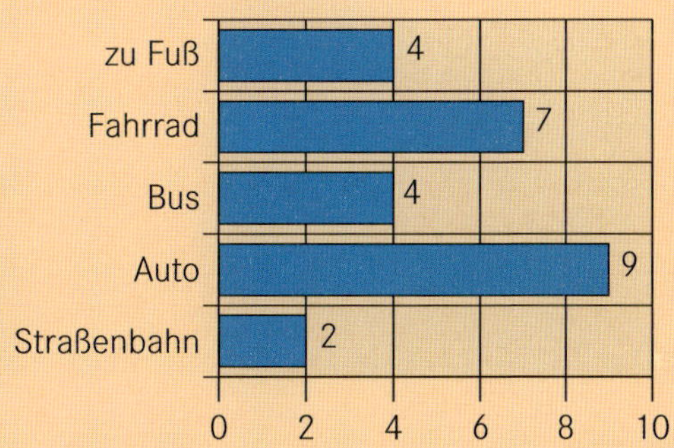


Ersetzt man die Rechtecke durch Striche, erhält man ein **Strichdiagramm.**

**1 Sammle die Daten in einer Tabelle und erstelle ein Diagramm deiner Wahl.**

a) Die Farbe von 50 Autos auf der Straße.
b) Die Seitenzahl deiner Schulbücher.
c) Die Zahl der Tore bei den nächsten Spielen in der Bundesliga.

**2 Welche Vor- und Nachteile haben die verschiedenen Diagrammarten?**

**3 Erstelle eine Tabelle und ein Balkendiagramm.**

a) In der Klasse 5a sind drei Schüler 9 Jahre, 12 Schüler 10 Jahre, 8 Schüler 11 Jahre und zwei Schüler 12 Jahre alt.
b) In der Klasse 5c haben 7 Schüler ein Meerschweinchen, 5 einen Hund, vier eine Katze und drei einen Vogel als Haustier.
c) In der Klasse 5d spielen 24 Schülerinnen und Schüler Fußball, 8 Tennis, 7 Tischtennis, 5 Handball und vier sind im Schwimmverein.
Hat die 5d wirklich 48 Schüler?

**4 Suche die Daten und stelle sie in Tabellen und Diagrammen dar.**

a) Einwohnerzahlen der fünf Kontinente
b) Flächengröße der fünf Kontinente
Welche Probleme treten bei der Darstellung in diesen Diagrammen auf?

**5 Erstelle zu dem Diagramm eine Tabelle und mache Aussagen dazu.**

a)

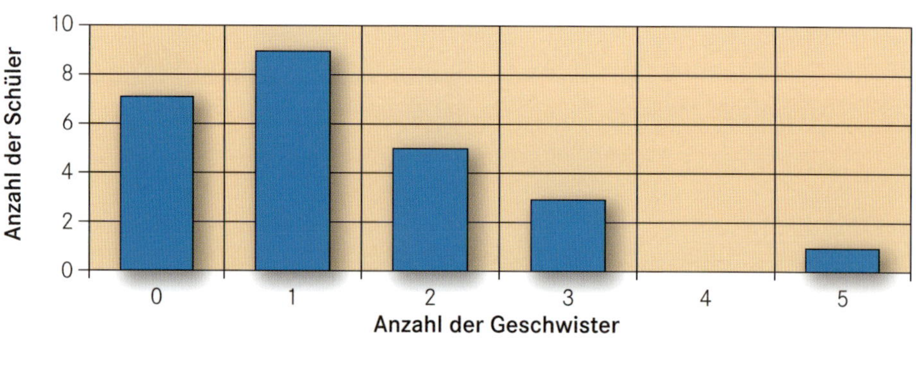

b)

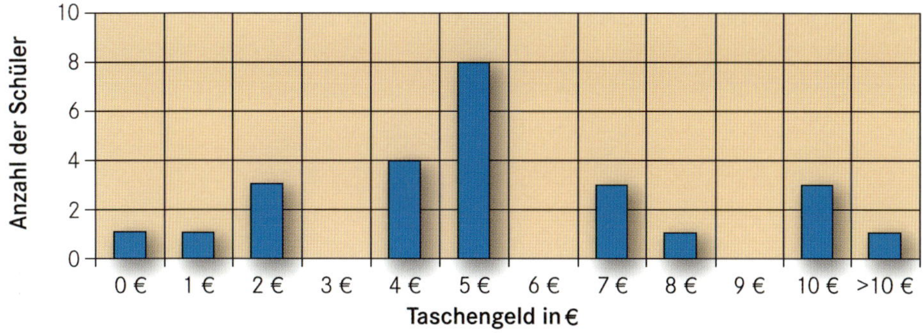


## 1.5 Daten aus Zufallsexperimenten

**Erinnere dich!**

Ein Würfel wird 30-mal geworfen und die Augenzahl wird jeweils notiert.

| Augenzahl | 1 | 2 | 3 | 4 | 5 | 6 |
|---|---|---|---|---|---|---|
| Anzahl | 3 | 6 | 7 | 4 | 5 | 5 |

Da die Ergebnisse hier vom Zufall abhängen, spricht man von einem **Zufallsexperiment.**

### 1 Münze und Reißnagel

a) Wirf eine Münze 50-mal und gib die Ergebnisse an.

b) Wirf einen Reißnagel 50-mal und gib die Ergebnisse an. (Kopf unten = K; Spitze unten = S)

c) Vergleiche die Ergebnisse und gib Erklärungen.

## 2 Verschiedene „Würfel“

a) Beschreibe die Spielwürfel.

b) Welche Ergebnisse treten bei den abgebildeten Spielwürfeln auf?

c) Jeder „Würfel“ wird 120-mal geworfen. Erstelle eine Tabelle mit möglichen Ergebnissen. Erkläre, wie du vorgehst.

## 3 Merkwürdige Ergebnisse

| Augenzahl | 1 | 2 | 3 | 4 | 5 | 6 |
|---|---|---|---|---|---|---|
| Würfel 1 | 10 | 10 | 10 | 10 | 10 | 10 |
| Würfel 2 | 0 | 4 | 5 | 6 | 5 | 40 |
| Würfel 3 | 21 | 17 | 22 | 0 | 0 | 0 |

a) Wie oft wurde jeweils gewürfelt?

b) Stelle die Ergebnisse in Diagrammen dar.

c) Finde Erklärungen für diese Ergebnisse.

## 4 Legosteine[1]

a) Welche Ergebnisse können beim Werfen eines Legosteins mit 4 Noppen bzw. 6 Noppen auftreten?

b) Wirf einen Legostein mit 4 Noppen 30-mal und notiere die Ergebnisse in einer Tabelle und zeichne ein Diagramm dazu.

c) Wirf einen Legostein mit 6 Noppen 30-mal und notiere die Ergebnisse in einer Tabelle und zeichne ein Diagramm dazu.

1 LEGO ® ist eine Marke der LEGO Group.

### 5 Augensummen

a) Zwei Würfel wurden 100 000-mal gemeinsam geworfen und die Summe der Augenzahlen wurde notiert und in dem Diagramm dargestellt. Erstelle hierzu eine Tabelle. Worauf musst du dabei achten?

b) Finde eine Erklärung für diese Ergebnisse.

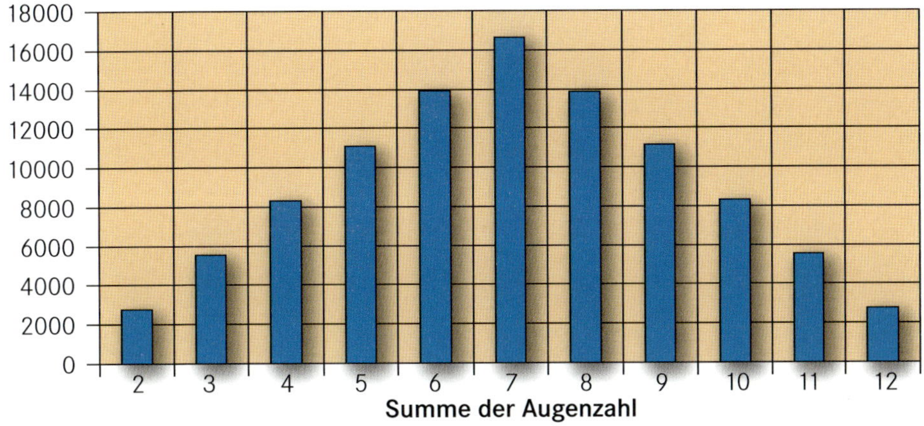


## Test Kapitel 1

### 1 Größen umwandeln, schätzen und runden

a) Wandle 1 t 57 kg in Tonnen um und runde sinnvoll. | 2 |

b) Schätze, wie viele von 6 000 Kinder im April Geburtstag haben. Erkläre, wie du vorgehst. | 3 |

### 2 Mit maßstäblichen Darstellungen umgehen

a) Welchen Maßstab hat der Plan? | 2 |

b) Wie groß müsste eine 80 cm breite Tür eingezeichnet werden? | 1 |

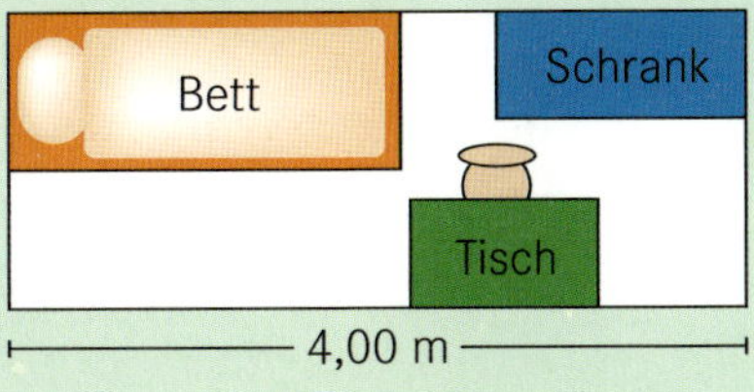

## 3 Umrechnungen zum Maßstab ausführen

a) Wie groß ist ein Modell im Maßstab 1 : 16 eines 4,56 m langen Autos? |2|

b) Eine Wanderstrecke von 13,5 km ist in einer Wanderkarte 27 cm lang. Welchen Maßstab hat die Karte? |3|

## 4 Daten sammeln und in Tabellen und Diagrammen aufbereiten

a) Miss die Länge deiner Stifte, trage sie in eine Tabelle ein und erstelle ein Diagramm. |6|

b) Begründe deine Wahl der Diagrammart. |2|

## 5 Informationen aus Diagrammen entnehmen und damit argumentieren

a) Wie viele der befragten Jugendlichen besitzen einen Fernseher bzw. einen DVD-Player? |2|

b) Welche Auswirkungen auf die Befragung hat die Tatsache, dass in vielen Handys auch ein MP3-Player integriert ist? |2|

c) Begründe unter Verwendung des Diagramms, warum die Zahl der DVD-Player nicht wesentlich größer ist. |4|

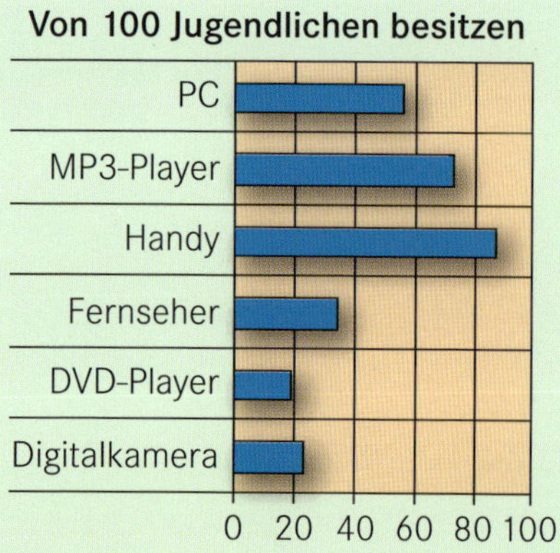


||29||

Wie viele Punkte hast du? Erreichst du mehr als 23 Punkte, beherrschst du den Inhalt des Kapitels wirklich gut. Erreichst du weniger als 13 Punkte, dann solltest du dieses Kapitel wiederholen.

# 2 NATÜRLICHE UND GANZE ZAHLEN

**Was du am Ende des Kapitels kannst:**

- ▷ große natürliche Zahlen lesen und schreiben
- ▷ große natürliche Zahlen mit Zehnerpotenzen darstellen
- ▷ natürliche Zahlen z. B. am Zahlenstrahl anordnen und vergleichen
- ▷ mit ganzen Zahlen an anschaulichen Modellen umgehen
- ▷ ganze Zahlen z. B. an der Zahlengeraden anordnen und vergleichen

## 2.1 Große Zahlen

### Erinnere dich!

**Ziffern** in einer Zahl haben einen **Eigenwert** und einen **Stellenwert.**

Beispiel: Bei 3 207 hat die Ziffer 2 den Stellenwert 100:

$2 \cdot 100 = 200$.

### Die Stufenzahlen, ...

... ihre Bezeichnungen und die Zehnerpotenzschreibweise

| | | |
|---|---|---|
| 1 | Eins | $10^0$ |
| 10 | Zehn | $10^1$ |
| 100 | Hundert | $10^2$ |
| 1 000 | Tausend | $10^3$ |
| 10 000 | Zehntausend | $10^4$ |
| 100 000 | Hunderttausend | $10^5$ |
| 1 000 000 | Million | $10^6$ |
| 10 000 000 | Zehn Millionen | $10^7$ |
| 100 000 000 | Hundert Millionen | $10^8$ |
| 1 000 000 000 | Milliarde | $10^9$ |
| 1 000 000 000 000 | Billion | $10^{12}$ |
| 1 000 000 000 000 000 | Billiarde | $10^{15}$ |

Die hochgestellte Zahl heißt **Hochzahl (Exponent)** und gibt die Anzahl der Nullen hinter der 1 an.

## Die Stellenwerttafel hilft beim Lesen und Schreiben

| ... | Billionen | | | Milliarden | | | Millionen | | | Tausender | | | | | |
|---|---|---|---|---|---|---|---|---|---|---|---|---|---|---|---|
| ... | HB | ZB | B | HMd | ZMd | Md | HM | ZM | M | HT | ZT | T | H | Z | E |
| | 2 | 7 | 3 | 8 | 9 | 1 | 0 | 7 | 0 | 6 | 4 | 0 | 3 | 8 | 4 |
| | | | 5 | 0 | 5 | 0 | 5 | 0 | 5 | 0 | 5 | 0 | 5 | 0 | 5 |
| | | 2 | 0 | 0 | 0 | 0 | 0 | 0 | 2 | 2 | 0 | 0 | 0 | 0 | 0 |

Übersichtlich schreibt man die Zahlen in Dreiergruppen:
273 891 070 640 384,
5 050 505 050 505,
20 000 002 200 000.
So liest man diese Zahlen:
zweihundertdreiundsiebzig Billionen achthunderteinundneunzig Milliarden siebzig Millionen sechshundertvierzigtausenddreihundertvierundachtzig,
fünf Billionen fünfzig Milliarden fünfhundertfünf Millionen fünfzigtausendfünfhundertfünf,
zwanzig Billionen zwei Millionen zweihunderttausend.
Hinweis zur Rechtschreibung
Die Zahlwörter Million, Milliarde, Billion usw. schreibt man groß. Zahlwörter unter einer Million werden klein und zusammengeschrieben.

## Die Menge der natürlichen Zahlen

Fasst man alle natürlichen Zahlen zu einer Menge zusammen, so erhält man die **Menge der natürlichen Zahlen,** die unendlich viele Zahlen enthält. Man schreibt: $\mathbb{N} = \{0; 1; 2; 3; 4; 5; ...\}$[1].

1 In manchen Büchern gehört die Null nicht zu den natürlichen Zahlen.

**1 Schreibe als Zehnerpotenzen.**

a) 100 000 b) 10 000 000 c) 10 000 000 000
d) 100 000 000 e) 1 000 000 000 f) 100 000 000 000

**2 Schreibe die Zehnerpotenzen als Zahlwörter.**

a) $10^4$ b) $10^7$ c) $10^9$
d) $10^{10}$ e) $10^{15}$ f) $10^{17}$

**3 Übertrage die Zahlen in eine Stellenwerttafel und schreibe sie als Zahlwörter.**

a) 8 080 800 b) 35 065 107 069
c) 123 456 789 d) 68 806 680 868 086
e) 909 090 909 090 909 f) 101 001 000 100 001

**4 Schreibe mit Ziffern.**

a) drei Millionen vierhundertachtundzwanzigtausendeinhundertneun-unddreißig
b) achthundertvierzig Milliarden
c) fünfhundertsieben Millionen
d) sechs Milliarden neunzig Millionen
e) dreihundertfünf Milliarden sechs Millionen
f) sechsundvierzig Billionen
g) zweihundertvier Billionen neunzig Milliarden sechshunderttausend
h) fünfzig Trillionen vierhundert Billiarden dreihundertvier Millionen

**5 Verdopple und halbiere die Zahlen.**

a) 450 000 b) 56 000 000 c) 1 700 000
d) 5 300 000 e) 50 406 000 f) 780 000 000

**6 Schreibe die Zahl mit Ziffern und als Zahlwort.**

a) die kleinste und die größte sechsstellige Zahl
b) die kleinste und die größte siebenstellige Zahl mit lauter verschiedenen Ziffern
c) die größte und die kleinste zehnstellige Zahl, die alle Ziffern enthält
d) die größte und die kleinste zwölfstellige Zahl, die alle Ziffern enthält
e) die größte und die kleinste elfstellige Zahl, die alle ungeraden Ziffern enthält
f) die kleinste und die größte achtstellige Zahl, die abwechselnd gerade und ungerade Ziffern hat

## 2.2 Vergleichen und Ordnen natürlicher Zahlen

**Erinnere dich!**

Die natürlichen Zahlen lassen sich der Größe nach ordnen.
Jede natürliche Zahl $n$ besitzt einen **Nachfolger,** die um 1 größere Zahl $n+1$. Es gibt also keine größte natürliche Zahl.
Jede natürliche Zahl $n$ außer der Zahl 0 besitzt einen **Vorgänger,** die um 1 kleinere Zahl $n-1$. 0 ist somit die kleinste natürliche Zahl.

**Der Zahlenstrahl**

Trägt man auf einem Strahl vom Anfangspunkt 0 aus fortlaufend eine Einheitsstrecke ab und ordnet den so erhaltenen Punkten auf dem Strahl vom Anfangspunkt aus der Reihe nach die Zahlen 1, 2, 3 usw. zu, so erhält man den **Zahlenstrahl.**

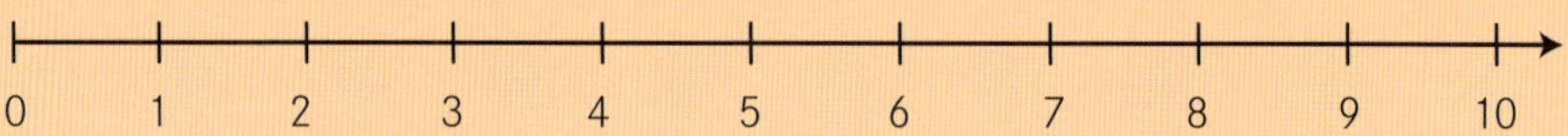

Die Länge der Einheitsstrecke heißt **Längeneinheit** (LE) des Zahlenstrahls. Sie kann beliebig gewählt werden. Meist ist die Längeneinheit 1 cm (1 LE = 1 cm).

Oft ist auch nur ein Ausschnitt des Zahlenstrahls dargestellt

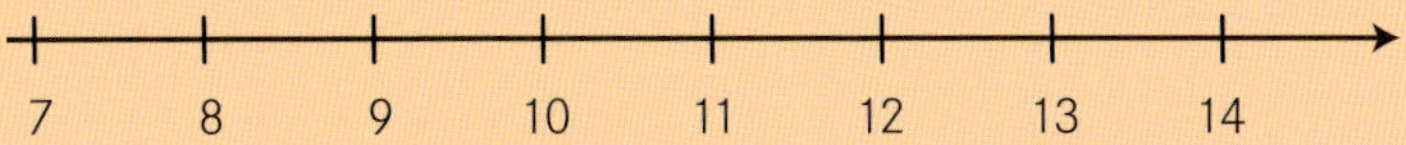


oder die Einheit geändert (z. B. 1 LE = 5 mm).

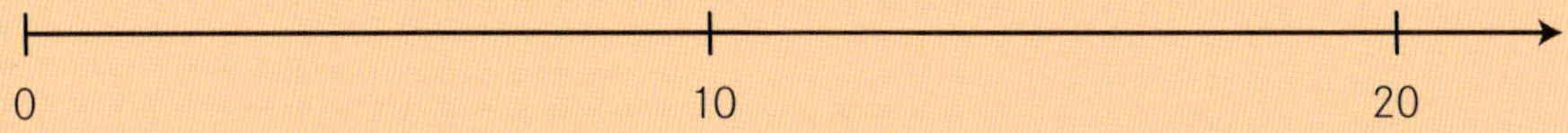


Die Anordnung der natürlichen Zahlen lässt sich am Zahlenstrahl ablesen: Von zwei Zahlen auf dem Zahlenstrahl ist die größere weiter rechts und die kleinere weiter links. 6 steht rechts von 4, 1 steht links von 4. Man sagt: „6 ist größer als 4“ und „1 ist kleiner als 4“ und schreibt: $6 > 4$ und $1 < 4$.

**1** **Gib jeweils den Vorgänger und den Nachfolger an.**

a) 123 456 789  b) 200 102 010  c) 999 999 999
d) 400 300 000  e) 7 000 000 000  f) 111 999 111 999

**2** **Für welche Zahlen stehen die Buchstaben?**

a)
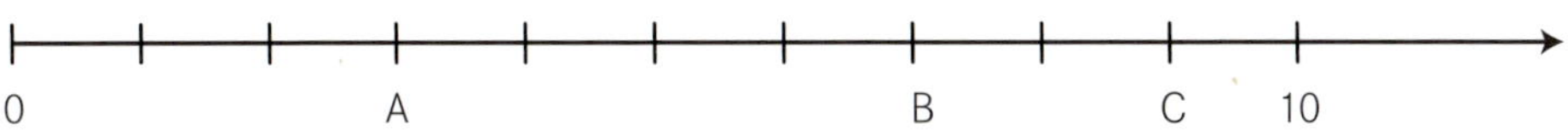


b)
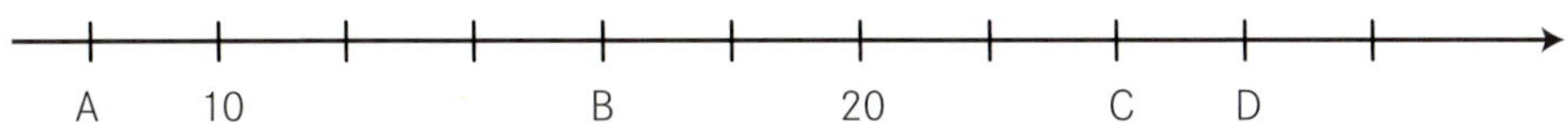


c)
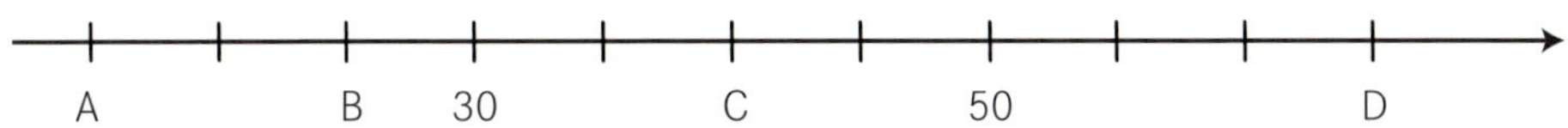


**3** **Trage die Zahlen an einem Zahlenstrahl an.**

a) 7; 13; 4; 9; 17  b) 27; 31; 28; 24; 37
c) 105; 90; 95; 110; 85  d) 100; 250; 350; 500

**4 Ordne die Zahlen der Größe nach und beginne mit der kleinsten Zahl.**

a) 432; 234; 342; 243; 423; 324; 222; 333; 444

b) 2 070; 2 200; 7 200; 2 020; 7 070; 7 007; 7 207; 2 002; 2 702; 2 007

c) 7 070 707; 987 654; 123 456; 987 987; 7 700 070; 897 897; 7 070 770

d) 987 654; 654 987; 789 645; 897 456; 978 654; 897 564; 798 564;

e) die kleinste fünfstellige Zahl mit lauter verschiedenen Ziffern;
die kleinste fünfstellige Zahl mit lauter ungeraden Ziffern;
die kleinste fünfstellige Zahl, die mit 2 beginnt;
die kleinste fünfstellige Zahl mit lauter gleichen Ziffern;
die größte fünfstellige Zahl, die mit 11 beginnt.

## 2.3 Ganze Zahlen

**Erinnere dich!**

Werte von Größen können „unter Null“ liegen.

Beispiele:

Temperatur: –7 °C; geografische Höhe: – 216 m; Kontostand: – 275 €.

**Eigenschaften der ganzen Zahlen**

Die Zahlen mit dem Minuszeichen, die vor den Einheiten stehen, heißen **negative Zahlen.** Die Null ist weder positiv noch negativ. Die **Menge der ganzen Zahlen** $\mathbb{Z}$ = {...; – 3; – 2; – 1; 0; 1; 2; 3; 4; 5; ...} enthält die natürlichen Zahlen. Setzt man den Zahlenstrahl nach links über die Null mit gleicher Einheit fort, kann man dort die negativen Zahlen antragen. Man erhält die **Zahlengerade.**

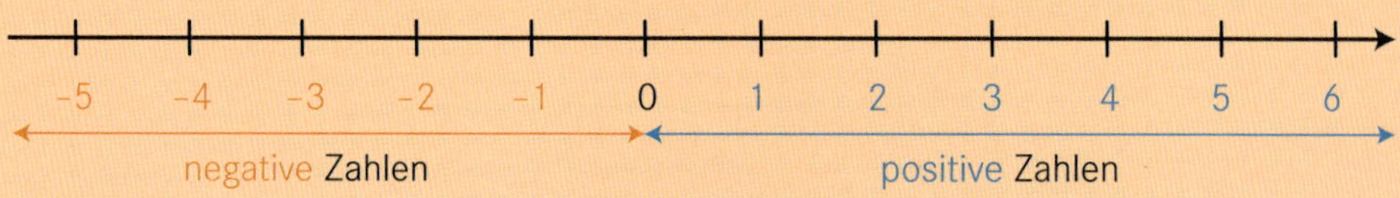

Zahlen, die sich nur im Vorzeichen unterscheiden, heißen **Gegenzahlen.** Sie haben den gleichen **Betrag** (gleichen Abstand von der 0 auf der Zahlengeraden). Schreibweise: $|-3| = |3| = 3$

Beispiel:

| | | | | |
|---|---|---|---|---|
| Zahl | 5 | – 5 | 17 | – 5 678 |
| Gegenzahl | – 5 | 5 | – 17 | 5 678 |
| Betrag | 5 | 5 | 17 | 5 678 |

**1 Schreibe die Temperaturen auf.**

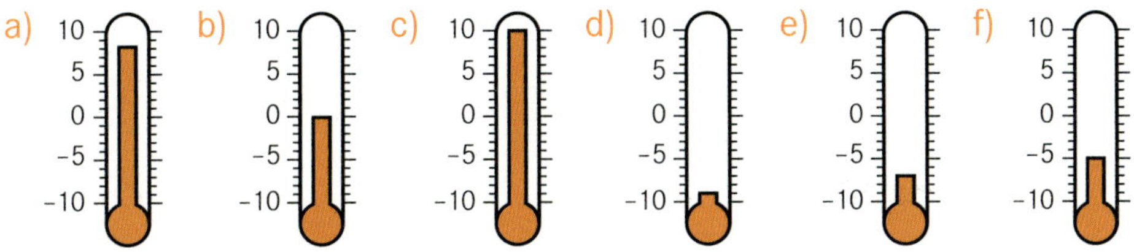


**2 Zeichne ein Thermometer und trage die Temperaturen an.**

a) 6 °C b) – 5 °C c) 0 °C

**3 Suche im Atlas Orte, die unter NN liegen, gib ihre geografischen Höhen an und vergleiche sie.**

a) in Jordanien b) in Kalifornien c) in den Niederlanden
d) in China e) im Atlantik f) im Pazifik

**4 Gib die Gegenzahl und den Betrag an.**

a) 8 b) –7 c) 0
d) – 17 e) 135 f) – 1 000

**5 Richtig oder falsch? Begründe.**

a) Jede Gegenzahl einer negativen Zahl ist positiv.
b) - 5 ist keine positive Zahl.
c) Der Betrag einer Zahl ist immer positiv.
d) Die Gegenzahl ist immer negativ.
e) Zahl und Gegenzahl sind nie gleich.
f) Der Betrag einer negativen Zahl ist gleich ihrer Gegenzahl.

**6 Übertrage die Tabelle und fülle sie aus.**

| | Morgentemperatur | gestiegen um | Mittagstemperatur | gefallen um | Abendtemperatur |
|---|---|---|---|---|---|
| a) | 4 °C | | 9 °C | | - 1 °C |
| b) | - 2 °C | 5 °C | | | - 4 °C |
| c) | | 4 °C | 3 °C | | -3 °C |
| d) | -7 °C | 6 °C | | 9 °C | |
| e) | 1 °C | | 5 °C | 7 °C | |

**7 Übertrage die Tabelle für Fahrten im Aufzug und ergänze sie.**

| | Einstieg | Fahrstuhlbewegung | Ausstieg |
|---|---|---|---|
| a) | - 2 | + 5 | |
| b) | + 6 | | - 2 |
| c) | 6 | - 9 | |
| d) | - 4 | | 7 |
| e) | | - 5 | - 3 |

## 8 Für welche Zahlen stehen die Buchstaben.

a)
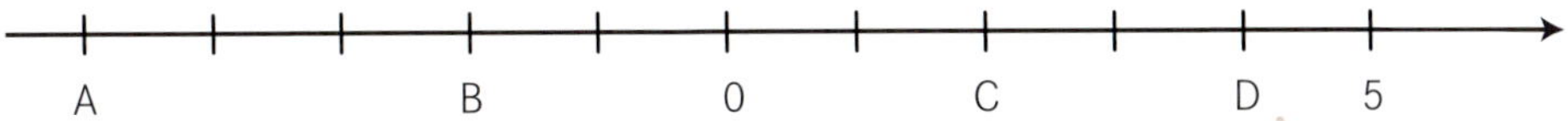


b)
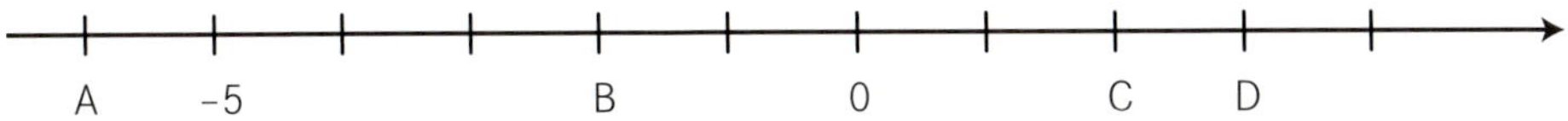


c)
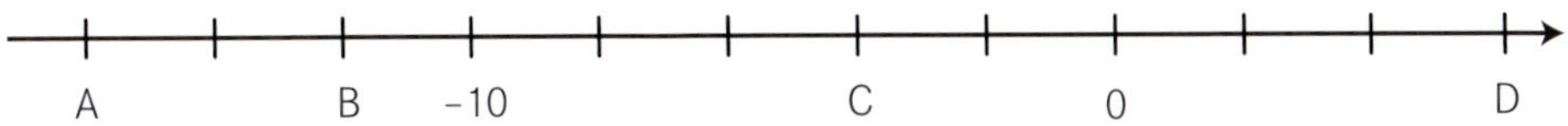


## 9 Trage die Zahlen an einer Zahlengeraden an.

a) 0; 7; – 3; 4; –7

b) – 25; 10; 0; 20; –20; 35

c) – 100; 30; 0; – 50; 10; – 80

d) 100; – 250; 350; – 50

## 10 Setze das richtige Zeichen (< oder >) ein.

a) 19 ___ – 21

b) – 6 ___ 3

c) – 31 ___ – 28

d) – 525 ___ – 552

e) 60 ___ | – 400 |

f) 98 ___ | – 97 |

## 11 Ordne die Zahlen der Größe nach und beginne mit der kleinsten Zahl.

a) – 9; 0; 3; 7; –7; – 4; 1; – 2; 8

b) –17; 27; 0; 17; 72; –71

c) – 8; 0; 4; | – 6 |; – 2; | 10 |; | – 12 |

d) 432; 234; 342; – 243; – 423; – 324; – 432; – 234; – 342; 243; 423; 324

e) 2 070; – 2 200; 2 020; – 2 070; – 2 007; 2 207; – 2 002; – 2 702; 2 007

# Test Kapitel 2

**1 Schreibe als Zahlwörter.**

a) $10^5$ |1|  b) 10 000 000 |1|  c) 303 030 003 |1|

**2 Schreibe mit Ziffern.**

a) vierundachtzigtausendvierhundertachtundvierzig |1|
b) zehn Milliarden zehntausendzehn |1|
c) die größte zwölfstellige Zahl, die alle Ziffern enthält |2|
d) die kleinste achtstellige Zahl, die alle geraden Ziffern enthält |2|

**3 Ergänze die fehlenden Temperaturen.**

| | Anfangstemperatur | Temperaturänderung | Endtemperatur | |
|---|---|---|---|---|
| a) | - 2 °C | +7 °C | | |1| |
| b) | +4 °C | | - 1 °C | |1| |
| c) | | - 5 °C | - 3 °C | |1| |

**4 Ordne die Zahlen der Größe nach und beginne mit der kleinsten Zahl.**
-7; 0; 3; |-6|; -2; |8|; -6 |3|

**5 Trage die Zahlen an eine Zahlengerade an.**
35; 0; -40; 5; -25 |4|

||19||

Wie viele Punkte hast du? Erreichst du mehr als 15 Punkte, beherrschst du den Inhalt des Kapitels wirklich gut. Erreichst du weniger als 9 Punkte, dann solltest du dieses Kapitel wiederholen.

# 3 ADDITION UND SUBTRAKTION

**Was du am Ende dieses Kapitels kannst:**

- ▷ natürliche und ganze Zahlen addieren und subtrahieren
- ▷ die Fachbegriffe der Addition und Subtraktion anwenden
- ▷ Rechenvorteile nutzen und mit Klammern rechnen

## 3.1 Addieren natürlicher Zahlen

**Erinnere dich!**

Rechenausdrücke mit Pluszeichen wie 12 + 85 oder 87 + 13 + 90 bezeichnet man als **Summen.** Die einzelnen Zahlen, die du addierst (zusammenzählst), heißen **Summanden** und werden der Reihe nach abgezählt. Das Ergebnis einer solchen Rechnung heißt **Wert der Summe.**

| 12 | + | 85 | = | 97 |
|---|---|---|---|---|
| 1. Summand | | 2. Summand | | Wert der Summe |

(1. Summand + 2. Summand: Summe)

**So formulierst du die Aufgabe als Rechenauftrag**

- ▶ Addiere die Zahlen 12 und 85.
- ▶ Berechne den Wert der Summe der Zahlen 12 und 85.
- ▶ Addiere **zu** 12 die Zahl 85.
- ▶ Addiere 85 **zur** Zahl 12.

Bei den letzten beiden Rechenaufträgen erkennst du die richtige Reihenfolge der Summanden so: Nach **„zu“** oder **„zur“** steht immer der 1. Summand.

## Schriftliches Addieren

*Untereinander addieren* wie bei einem Kassenzettel:

1. Schreibe die Summanden so untereinander, dass die entsprechenden Stellen wie bei der Stellenwerttafel (S. 20) genau untereinander stehen.
2. Addiere nacheinander Einer, Zehner, ... und schreibe die Überträge klein unter die nächste Stelle.

| | | | |
|---|---|---|---|
| 928 | Addiere die Einer: | 8 + 8 + 7 = 23. | 3 anschreiben, Übertrag 2 |
| 738 | Addiere die Zehner: | 2 + 3 + 9 + 2 = 14. | 4 anschreiben, Übertrag 1 |
| + 97 | Addiere die Hunderter: | 9 + 7 + 1 = 17 | |
| 1 2 | Übertrag | | |
| 1763 | | | |

*Nebeneinander addieren* ist platzsparender: 928 + 97 + 738 = 1 763
1 2

Als Rechenkontrolle markierst du schon verwendete Ziffern mit einem Punkt. Die Überträge schreibst du klein unter die nächste Stelle.
Bei einer **Überschlagsrechnung** werden die Summanden so gerundet, dass man im Kopf rechnen kann. (Die Überschlagsrechnung zeigt dir die Größenordnung des Ergebnisses.)
Beispiel: 6 891 + 75 318 + 41 616 = ?
Überschlag: 7 000 + 75 000 + 42 000 = 124 000.

**1 Überschlage zuerst und berechne dann den Wert der Summe schriftlich.**

a) 654 + 875 + 981 + 54
b) 4 870 + 873 + 8 623 + 550
c) 87 500 + 75 275 + 6 450 + 877 + 2 350
d) 48 834 + 5 487
e) 319 056 + 98 765
f) 99 999 + 103 041

**2 Übersetze den Rechenauftrag in einen Rechenausdruck und berechne. Beachte dabei die richtige Reihenfolge der Summanden.**

a) Addiere die Zahlen 165 und 187.
b) Addiere zu 4 000 die Zahl 8 750.
c) Berechne den Wert der Summe der Zahlen 75, 87 und 128.
d) Addiere die Zahl 40 500 zur Zahl 175 000.
e) Addiere die Zahlen 800 und 250 zur Zahl 1 650.

## 3.2 Subtrahieren natürlicher Zahlen

**Erinnere dich!**

Rechenausdrücke mit Minuszeichen wie 19 – 7 bezeichnet man als eine **Differenz.** Weitere Fachausdrücke sind:

| 19 | – | 7 | = | 12 |
|---|---|---|---|---|
| Minuend | | Subtrahend | | Wert der Differenz |

Minuend – Subtrahend: Differenz

(Merkhilfe: Minuend kommt im Alphabet vor Subtrahend, genauso steht der Minuend vor dem Subtrahenden.)

**So formulierst du die Aufgabe als Rechenauftrag**

- Subtrahiere von 19 die Zahl 7.
- Subtrahiere 7 von der Zahl 19.
- Berechne den Wert der Differenz der Zahlen 19 und 7.

Bei den ersten zwei Rechenaufträgen erkennst du die richtige Reihenfolge der Zahlen so: Nach **„von"** steht immer der Minuend.

Subtraktion und Addition sind zueinander umgekehrte Rechenarten. Diesen Zusammenhang kann man nun gut gebrauchen, z. B. wenn man mit einer „Probe" überprüfen will, ob richtig gerechnet wurde:

30 + 25 = 55

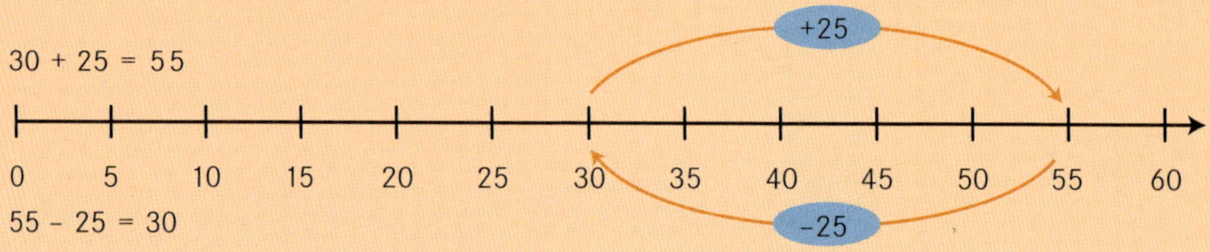


55 - 25 = 30

## Schriftliches Subtrahieren

*Untereinander subtrahieren:*

1. Schreibe den Subtrahenden so unter den Minuenden, dass die entsprechenden Stellen wie bei der Stellenwerttafel (S. 20) genau untereinander stehen.
2. Subtrahiere nacheinander Einer, Zehner, ... und „borge" wenn nötig bei der nächsten Stelle.

| | | | |
|---|---|---|---|
| 6 3 | | | |
| ~~7~~~~4~~28 | Subtrahiere die Einer: | 8 - 5 = 3 | |
| - 5 685 | Subtrahiere die Zehner: | 2 - 8 | geht nicht; borgen: |
| | | | 12 - 8 = 4 |
| 1 743 | Subtrahiere die Hunderter: | 3 - 6 | geht nicht; borgen: |
| | | | 13 - 6 = 7 |
| | Subtrahiere die Tausender: | 6 - 5 = 1 | |

*Nebeneinander subtrahieren:* 7428 - 5685 = 1 743
(Punkte über 7, 4, 2, 8 und 5, 6, 8, 5; darunter: 6 3)

Markiere als Rechenkontrolle wieder mit einem Punkt. Die Veränderungen durch das „Borgen" kannst du klein unter die nächste Stelle schreiben.

Beispiel:

Bei einer Überschlagsrechnung wird wieder geschickt gerundet:

94 876 - 58 418 = ?  Überschlag: 95 000 - 58 000 = 37 000.

Genaue Rechnung: 94 876 - 58 418 = 36 458
8 6

Als Probe kannst du die Rechnung auf zwei Arten umkehren:

36 458 + 58 418 = <u>94 876</u> oder 94 876 - 36 458 = <u>58 418</u>.

**1 Überschlage zuerst und berechne dann den Wert der Differenz schriftlich.**

a) 178 - 99  b) 864 - 286  c) 8 649 - 7 533
d) 753 522 - 69 941  e) 85 632 - 10 007  f) 6 666 666 - 5 432 099

**2 Rechne und mache eine Probe.**

a)
```
  87 520
- 74 002
--------
```

b)
```
  952 005
+ 765 323
---------
```

c)
```
  8 342 865
-   743 926
-----------
```

**3 Übersetze den Rechenauftrag in einen Rechenausdruck. Wie heißt jeweils der Minuend bzw. der Subtrahend?**

a) Subtrahiere von 87 die Zahl 75.
b) Berechne den Wert der Differenz der Zahlen 7 563 und 6 158.
c) Subtrahiere 673 von der Zahl 1 723.

## 3.3 Vorteilhaftes Rechnen

**Erinnere dich!**

Bei einem **Rechenausdruck** (man sagt auch **Term**) rechnest du normalerweise mit den Zahlen der Reihe nach von links nach rechts. Klammern werden zuerst berechnet.

Beispiele:

$35 + 17 + 15 = 52 + 17 = 69$; $744 - 317 + 156 = 427 + 156 = 583$

**Die Rechengesetze**

Sie geben an, wie man Terme so umstellen kann, dass sie einfacher zu berechnen sind.

**Kommutativgesetz [1] (oder Vertauschungsgesetz) der Addition**

Beim Addieren darf man die Reihenfolge der Summanden verändern, ohne dass sich der Wert der Summe ändert.

Kurzform: $a + b = b + a$

Beispiel: $14 + 75 = 89$ und $75 + 14 = 89$

**Assoziativgesetz [2] (oder Verbindungsgesetz) der Addition**

Beim Addieren kann man Klammern beliebig setzen oder weglassen, ohne dass sich der Wert der Summe ändert.

Kurzform: $(a + b) + c = a + b + c = a + (b + c)$

Beispiel: $(78 + 87) + 13 = 78 + 87 + 13 = 78 + (87 + 13) = 178$

**Terme mit Plus- und Minusgliedern**

Rechnungen mit Plus- und Minusgliedern kann man vorteilhaft so berechnen: Man addiert zum Ausgangswert alle Plusglieder (Zahlen nach einem Pluszeichen). Davon subtrahiert man die Summe aller Minusglieder (Zahlen nach einem Minuszeichen).

Beispiel: $80 - 20 + 65 - 87 = (80 + 65) - (20 + 87) = 145 - 107 = 38$

1 commutare (lat.): vertauschen

2 associare (lat.): vereinigen, verbinden

Achtung! Für die Subtraktion gibt es kein Kommutativgesetz oder Assoziativgesetz. Minuend und Subtrahend sowie die Reihenfolge der Rechenschritte dürfen **nicht vertauscht** werden.

Beispiele:

57 – 13 = 44, aber 13 – 57 = – 44 (S. 38)

(88 – 13) + 12 = 75 + 12 = 87, aber 88 – (13 + 12) = 88 – 25 = 63

**1 Stelle die Reihenfolge so um, dass du vorteilhaft rechnen kannst.**

a) 677 + 187 + 123

b) 1 700 + 9 833 + 4 300

c) 145 + 733 + 55

d) (77 + 105) + (133 + 85)

**2 Gib an, welche Rechengesetze angewandt wurden.**

a) 165 + 35 + 21 + 179 = 200 + 200 = 400

b) 1 280 + 4 365 + 3 235 = 1 280 + 7 600 = 8 880

c) 725 + 217 + 375 = 1 100 + 217 = 1 317

d) 6 280 + 493 + 55 + 720 + 707 = 7 000 + 1 200 + 55 = 8 255

**3 Sortiere und berechne dann den Wert des Terms.**

a) 750 – 320 + 4 120 + 675 – 330 – 290

b) 1 954 + 975 – 1 205 – 865 + 9 253

c) 18 564 – 9 853 + 7 536 – 920 – 14 737 + 410

d) 765 398 + 52 439 – 135 944 – 263 501 – 69 277 – 87 201

**4 Finde den Fehler und begründe den richtigen Rechenweg. Berechne.**

a) 870 – 65 – 30 = 870 – 35 = 835

b) 157 – (41 + 39) = 157 – 41 + 39 = 116 + 39 = 155

c) 281 – 164 + 36 +19 = (281 + 19) – (164 + 36) = 300 – 200 = 100

**5 Frau Flora betreibt einen Blumenstand am Marktplatz. Sie notiert ihre Einnahmen und Ausgaben an einem Markttag. Berechne den Kassenstand zum Marktschluss um 17:00 Uhr und ihren Tagesgewinn.**
Einlage in der Kasse zu Marktbeginn um 9:00 Uhr: 185€, Einnahmen am Vormittag: 291 €, Kosten der Blumenlieferung am Mittag: 320€, Lohn für einen Helfer am Vormittag: 36€, Einnahmen am Nachmittag: 324€, Standgebühr für einen Markttag: 25€.

## 3.4 Rechenausdrücke mit Klammern

**Erinnere dich!**

Was in Klammern steht, wird zuerst berechnet. Sind mehrere Klammern ineinander geschachtelt, beginnt man mit der innersten Klammer.

Beachte Klammern dürfen nur weggelassen werden, wenn ein „+"-Zeichen vor der Klammer steht.

Beispiele:

95 - (17 + 77) = 95 - 94 = 1;

100 - [85 - (65 + 9)] = 100 - [85 - 74] = 100 - 11 = 89

**1 Berechne den Wert des Terms.**

a) 87 - (125 - 55)

b) (459 - 317) - 81

c) 9 500 - (87 237 - 82 985)

d) 1 234 + (56 789 - 13 579)

e) (165 470 - 87 235) - (6 327 - 1 765)

f) 756 - (765 - 135) + (98 + 402)

g) 33 262 - [157 528 - (97 430 + 33 625)

h) (652 + 873) - [(98 + 112) - (600 - 531)]

**2 Setze die fehlenden Klammern.**

a) 35 - 46 - 11 = 0

b) 19 - 12 + 5 + 7 = 9

c) 27 - 13 - 15 - 11 = 18

**3 Finde den Rechenfehler und löse dann richtig.**

a) 157 – (88 – 57) = 157 – 88 – 57 = 100 – 88 = 12
b) 198 – (98 + 55) = 198 – 98 + 55 = 100 + 55 = 155

## 3.5 Rechenaufträge übersetzen

**Erinnere dich!**

Rechenaufträge wie „Addiere zur Differenz der Zahlen 134 und 59 die Zahl 75." müssen zum Berechnen erst in einen Term (Rechenausdruck) übersetzt werden:
(134 – 59) + 75.

**So übersetzt du den Rechenauftrag**

Hier die Überlegungen in Einzelschritten:
*Addiere* zur Differenz der Zahlen 134 und 59 die Zahl 75.

| | |
|---|---|
| □ + □ | „Addiere" heißt + ; es ist eine Summe. Vor und nach dem Pluszeichen lasse ich Platz für die Summanden. |

Addiere *zur Differenz der Zahlen 134 und 59* die Zahl 75.

| | |
|---|---|
| (134 – 59) + □ | „zur Differenz der Zahlen ..." heißt: der 1. Summand ist die Differenz (134 – 59). |

Addiere zur Differenz der Zahlen 134 und 59 *die Zahl 75.*

| | |
|---|---|
| (134 – 59) + 75 = | „die Zahl 75" wird addiert, sie ist der 2. Summand. |
| 75 + 75 = 150 | Jetzt kann ich rechnen. |

**1 Übersetze in einen Term und berechne anschließend.**

a) Addiere zur Summe der Zahlen 78 und 122 die Zahl 450.
b) Subtrahiere von der Differenz der Zahlen 195 und 60 die Zahl 75.
c) Addiere die Differenz der Zahlen 500 und 318 zu der Zahl 612.
d) Subtrahiere die Summe der Zahlen 999 und 9 001 von der Zahl 10 000.

e) Subtrahiere von der Summe aus 851 und 749 die Summe aus 833 und 742.

f) Addiere die Differenz der Zahlen 97 499 und 72 624 zur Differenz der Zahlen 86 288 und 25 435.

## 3.6 Addieren und Subtrahieren ganzer Zahlen

**Erinnere dich!**

30 + (- 45) = 30 - 45 = - 15; 30 - (- 45) = 30 + 45 = 75

**So rechnest du mit ganzen Zahlen**

Eine negative Zahl wird addiert, indem man ihre Gegenzahl subtrahiert.

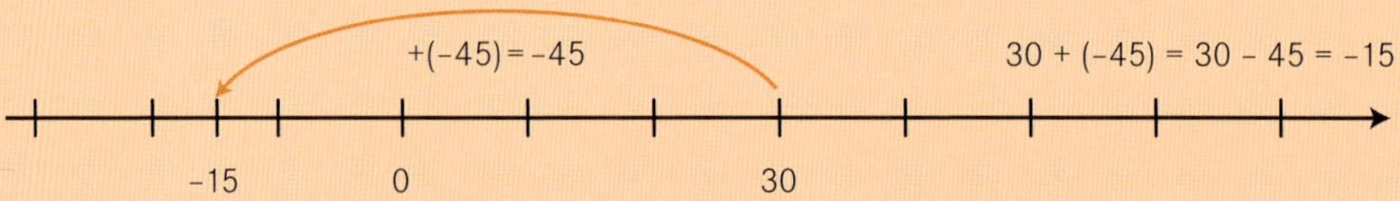


Eine negative Zahl wird subtrahiert, indem man ihre Gegenzahl addiert.

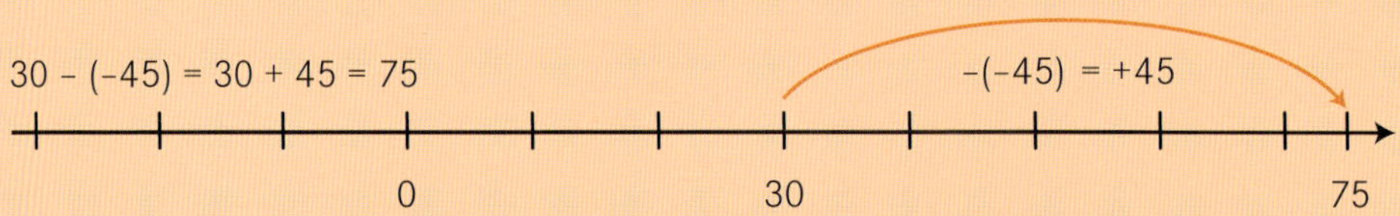


Die Klammern um eine negative Zahl am Anfang eines Rechenausdrucks können weggelassen werden.
Mit den beiden oben genannten Regeln kann man Additions- und Subtraktionsterme mit negativen Zahlen einfacher schreiben.

Beispiel:

(- 5) - 12 = - 5 - 12 = - 17; (- 20) - (- 25) + (- 40) = - 20 + 25 - 40 = - 35

### Anmerkung

Die Rechengesetze zum vorteilhaften Rechnen beim Addieren gelten auch bei Rechenausdrücken mit ganzen Zahlen.
Bei Termen mit ganzen Zahlen muss man nicht mehr zwischen Summe und Differenz unterscheiden, da sich jede Differenz auch als Summe schreiben lässt.
Beispiele: $8 - 13 = 8 + (-13)$ oder $-16 - 25 = (-16) + (-25)$

### Das Kommutativgesetz [1] (oder Vertauschungsgesetz) der Addition

Beim Addieren darf man die Reihenfolge der Summanden **unter Mitnahme ihrer Rechenzeichen** verändern, ohne dass sich der Wert der Summe ändert.
Beispiele:
$8 - 13 = 8 + (-13) = (-13) + 8 = -13 + 8$;
$-16 - 25 = (-16) + (-25) = (-25) + (-16) = -25 - 16$

**1 Zum Aufwärmen: Berechne – möglichst im Kopf.**

a) $25 - 33$ b) $-32 - 67$ c) $-42 + 58$
d) $-12 + 16 - 10$ e) $80 - 110 - 35$ f) $-45 - 22 + 37$

**2 Schreibe zuerst ohne Klammern und berechne anschließend.**

a) $(-25) + 33$ b) $(-25) + (-33)$ c) $(-25) - (-33)$
d) $25 - (-33) + (-75)$ e) $-33 - (-25) - 15$ f) $0 + (-22) - (-27)$

1 commutare (lat.): vertauschen

**3 Finde die gesuchte Zahl. Veranschauliche auf der Zahlengeraden.**

a) Welche Zahl muss ich zu – 10 addieren, um 15 zu erhalten?
b) Welche Zahl muss ich zu – 10 addieren, um – 15 zu erhalten?
c) Welche Zahl muss ich zu 10 addieren, um – 15 zu erhalten?
d) Welche Zahl muss ich von 5 subtrahieren, um – 12 zu erhalten?
e) Welche Zahl muss ich von 5 subtrahieren, um 12 zu erhalten?
f) Welche Zahl muss ich von –7 subtrahieren, um – 14 zu erhalten?

**4 Ermittle das Vorzeichen des Ergebnisses und überschlage das Ergebnis.**

a) 179 – 210
b) 4 287 + (– 5 823)
c) 4 287 – (– 5 823)
d) (– 31 288) – (– 41 312)
e) 1 690 – (– 3 522) – 1 743

**5 Berechne. Wende die Rechengesetze zum vorteilhaften Rechnen an.**

a) – 63 – 75 – 37
b) – 88 + 174 +26
c) 53 – 161 + 47
d) – 315 + 61 – 282 – 177 + 54
e) 723 – 1 692 – 785 – 51 + 315

**6 Berechne.**

a) – 130 – 76 – (81 + 135)
b) – 154 – 238 – (24 – 137)
c) (54 – 185) – [61 – (– 139)]
d) 87 – [(183 – 218) + 15]

**7 Übersetze in einen Term und berechne anschließend.**

a) Addiere zur Zahl – 54 die Zahl – 126.
b) Subtrahiere von der Zahl 27 die Zahl – 81.
c) Addiere zur Summe der Zahlen – 178 und 122 die Zahl – 320.
d) Subtrahiere von der Differenz der Zahlen – 95 und – 60 die Zahl 75.
e) Addiere die Differenz der Zahlen 430 und – 212 zu der Zahl – 642.

# Test Kapitel 3

**1 Rechne nebeneinander.**

a) 73025 + 991506 + 4819 |2|

b) 86472 − 29973 |2|

**2 Stelle die Reihenfolge so um, dass du vorteilhaft rechnen kannst.**

a) (683 + 137) + (318 + 63) |3|

b) 15327 − 4672 − 7826 + 145 − 325 |3|

**3 Übersetze in einen Term. Du musst nichts rechnen.**
Subtrahiere die Summe der Zahlen 714 und 285 von der Differenz der Zahlen 1 111 und 112. |3|

**4 Schreibe ohne Klammern und berechne.**

a) (−73) + (−54) − (−38) |2|

b) 66 − (−89) − 165 |2|

**5 Berechne.**

a) 167 − 520 + 81 − 179 |2|

b) −179 − 611 − (−735 − 185) |2|

||21||

Wie viele Punkte hast du? Erreichst du mehr als 16 Punkte, beherrschst du den Inhalt des Kapitels wirklich gut. Erreichst du weniger als 10 Punkte, dann solltest du dieses Kapitel wiederholen.

# 4 MULTIPLIKATION UND DIVISION

**Was du am Ende dieses Kapitels kannst:**

- ▷ natürliche und ganze Zahlen multiplizieren und dividieren
- ▷ die Fachbegriffe der Multiplikation und Division anwenden
- ▷ mit Potenzen rechnen
- ▷ Klammerausdrücke berechnen
- ▷ Rechenausdrücke berechnen, in denen alle Grundrechenarten auftreten

## 4.1 Multiplizieren natürlicher Zahlen

**Erinnere dich!**

Rechenausdrücke mit Malzeichen wie $12 \cdot 11$ bezeichnet man als **Produkt.** Die einzelnen Zahlen, die du miteinander multiplizierst (malnimmst), werden **Faktoren** genannt und der Reihe nach abgezählt. Das Ergebnis einer solchen Rechnung heißt **Wert des Produkts.**

$$\underbrace{\underset{\text{1. Faktor}}{12} \cdot \underset{\text{2. Faktor}}{11}}_{\text{Produkt}} = \underset{\text{Wert des Produkts}}{132}$$

**So formulierst du die Aufgabe als Rechenauftrag**

- ▶ Berechne den Wert des Produkts der Zahlen 12 und 11.
- ▶ Multipliziere 12 **mit** der Zahl 11.

Beim letzten Rechenauftrag erkennst du die richtige Reihenfolge der Faktoren: Nach **„mit“** steht immer der 2. Faktor.

## Besonderheiten beim Multiplizieren

1. Die Multiplikation hilft dir, Additionsaufgaben mit gleichen Summanden kürzer anzuschreiben und auch schneller zu berechnen.
   Beispiel: $\underbrace{25 + 25 + 25 + 25 + 25}_{\text{5 gleiche Summanden}} = 25 \cdot 5 = 125$
2. Bei der Multiplikation mit der Zahl Null ist der Wert des Produkts immer null.
   Beispiele: $6 \cdot 0 = 0$; $0 \cdot 16\,483 = 0$; $0 \cdot 34 \cdot 784 = 0$
   Mit Platzhaltern: $a \cdot 0 = 0$ und $0 \cdot a = 0$
3. Bei der Multiplikation mit der Zahl Eins verändert sich nichts.
   Beispiele: $65 \cdot 1 = 65$; $1 \cdot 8\,392 = 8\,392$; $6 \cdot 9 \cdot 1 = 6 \cdot 9 = 54$
   Mit Platzhaltern: $a \cdot 1 = a$ und $1 \cdot a = a$
4. Bei der Multiplikation mit einer Stufenzahl werden an den anderen Faktor so viele Nullen angehängt, wie die Stufenzahl selbst hat.
   Beispiele: $157 \cdot 10 = 1\,570$; $35 \cdot 100 = 3\,500$; $16 \cdot 1\,000 = 16\,000$

### Beispiel

Runde für die Überschlagsrechnung so, dass du noch im Kopf rechnen kannst. Je weniger ungenau du rundest, desto näher ist das Ergebnis der Überschlagsrechnung am richtigen Ergebnis.

$846 \cdot 6 = ?$ Überschlag: $800 \cdot 6 = 4\,800$

$834 \cdot 673 = ?$ Überschlag: $800 \cdot 700 = 560\,000$

**1 Rechne möglichst einfach. Denke dabei an die Besonderheiten beim Multiplizieren.**

a) $30 + 30 + 30 + 30 + 30 + 30 + 30$

b) $5\,891 \cdot 1\,000$

c) $8\,500 + 8\,500 + 8\,500 + 8\,500$

d) $3 \cdot 0 \cdot 2$

**2 Übersetze den Rechenauftrag in einen Rechenausdruck. Beachte dabei die richtige Reihenfolge der Faktoren.**

a) Multipliziere die Zahl 125 mit 9.
b) Berechne den Wert des Produkts der Zahlen 15 und 6.
c) Berechne den Wert des Produkts der Zahlen 3, 20 und 15.

**3 Multipliziere schriftlich mit einem einstelligen Faktor.**
Beispiel: $654 \cdot 7 = ?$
Multipliziere den 2. Faktor der Reihe nach mit jeder Stelle des ersten Faktors. Notiere die Einerstelle des Ergebnisses und merke dir den Übertrag.

| | | |
|---|---|---|
| $654 \cdot 7$ | Einer: $4 \cdot 7 = 28$, | schreibe 8 an, merke 2, |
| 4578 | Zehner: $5 \cdot 7 + 2 = 37$, | schreibe 7 an, merke 3, |
| | Hunderter: $6 \cdot 7 + 3 = 45$, | schreibe 45 an. |

a) $753 \cdot 8$　　b) $3562 \cdot 6$　　c) $97724 \cdot 3$
d) $3978 \cdot 9$　　e) $9904 \cdot 4$

## 4.2 Vorteilhaft multiplizieren

**Erinnere dich!**

Die Rechengesetze geben an, wie man Terme einfacher berechnet.

**Die Rechengesetze der Multiplikation**

**Kommutativgesetz[1] (oder Vertauschungsgesetz) der Multiplikation**
Beim Multiplizieren darf man die Reihenfolge der Faktoren verändern, ohne dass sich der Wert des Produkts ändert.
Kurzform: $a \cdot b = b \cdot a$
Beispiel: $8 \cdot 12 = 96$ und $12 \cdot 8 = 96$.

1 commutare (lat.): vertauschen, austauschen

**Assoziativgesetz[2] (oder Verbindungsgesetz) der Multiplikation**

Beim Multiplizieren kann man Klammern beliebig setzen oder weglassen, ohne dass sich der Wert des Produkts ändert.

Kurzform: $(a \cdot b) \cdot c = a \cdot b \cdot c = a \cdot (b \cdot c)$

Beispiel: $(15 \cdot 25) \cdot 4 = 15 \cdot 25 \cdot 4 \cdot = 15 \cdot (25 \cdot 4) = 1\,500$

Als Zusammenfassung beider Gesetze gilt:

In einem Produkt darf man die Faktoren in beliebiger Reihenfolge multiplizieren. Dabei kann man Klammern beliebig setzen und weglassen. Genau wie bei der Addition kann man auch bei der Multiplikation die Faktoren so umstellen, dass zueinander passende Faktoren nebeneinander stehen und diese dann bevorzugt multipliziert werden.

**Distributivgesetz[3] (oder Verteilungsgesetz) der Multiplikation**

Eine Summe wird mit einer Zahl multipliziert, indem man jeden einzelnen Summanden mit der Zahl multipliziert und dann die Ergebnisse addiert.

Kurzform: $(a + b) \cdot c = a \cdot c + b \cdot c$

Beispiel: $(20 + 35) \cdot 4 = 20 \cdot 4 + 35 \cdot 4$

Das Distributivgesetz gilt auch für Differenzen:

Kurzform: $(a - b) \cdot c = a \cdot c - b \cdot c$

Beispiel: $(40 - 16) \cdot 5 = 40 \cdot 5 - 16 \cdot 5$

## Schriftliches Multiplizieren

| | | Kurzform: |
|---|---|---|
| 834 · 725 | | 834 · 725 |
| 583800 | Gerechnet wird: 834 · 700 = 583800 | 5838 |
| 16680 | Gerechnet wird: 834 · 20 = 16680 | 1668 |
| + 4170 | Gerechnet wird: 834 · 5 = 4170 | + 4170 |
| 604650 | | 604650 |

Mit einem einstelligen Faktor kannst du gut im Kopf rechnen. Du multiplizierst der Reihe nach den ersten Faktor mit den Hunderten, den

2 associare (lat.): vereinigen, verbinden

3 distribuere (lat.): to distribute (engl.), verteilen

Zehnern und den Einern. Achte darauf, dass du zum Addieren der Einzelergebnisse die Stellen richtig untereinander schreibst. (Die Nullen am Ende der Teilergebnisse kannst du auch weglassen.)
Auch beim schriftlichen Rechnen lassen sich **Rechenvorteile** nutzen:

Statt 24 · 5718 rechnet man so leichter:

```
5718 · 24
---------
  11436
+ 22872
---------
 137232
```

Mit dem Faktor mit weniger Stellen wird weniger oft multipliziert.

Statt 40006 · 652 rechnet man so leichter:

```
652 · 40006
-----------
 2608
+     3912
-----------
 26083912
```

Der Faktor mit Nullen ergibt weniger Rechenschritte

Statt 223 · 476 rechnet man so leichter:

```
476 · 223
---------
   952
    952
+   1428
---------
 106148
```

Bei gleichen Ziffern im 2. Faktor kann ein Teilergebnis übernommen werden.

Statt 173 · 452 rechnet man so leichter:

```
452 · 173
---------
   452
   3164
+   1356
---------
   78196
```

Die Eins als erste Ziffer erspart einen Rechenschritt.

**1** **Rechne schriftlich. Stelle wenn nötig vorher die Reihenfolge so um, dass du vorteilhaft rechnen kannst.**

a) 98325 · 28
b) 281 · 974
c) 2621 · 80060
d) 2300 · 5005
e) 673 · 9002
f) 1453 · 6524

**2** **Stelle die Faktoren so um, dass du einfacher rechnen kannst. Welche Rechengesetze wendest du an?**

a) (298 · 125) · 8
b) (25 · 7) · (4 · 10)
c) 5 · (25 · 2) · 4

**3** **Berechne möglichst im Kopf.**

Beispiel: $15 \cdot 7 + 25 \cdot 7 = (15 + 25) \cdot 7 = 40 \cdot 7 = 280$

a) $6 \cdot 4 + 4 \cdot 4$ b) $34 \cdot 9 + 6 \cdot 9$ c) $23 \cdot 3 + 17 \cdot 3$

d) $44 \cdot 11 + 56 \cdot 11$ e) $91 \cdot 22 + 9 \cdot 22$ f) $563 \cdot 6 + 137 \cdot 6$

**4** **Überlege ohne zu rechnen, bei welchen Aufgaben der Wert des Produkts gleich ist. Begründe.**

a) $(6 \cdot 15) \cdot 7$ b) $24 \cdot (12 \cdot 35)$ c) $(7 \cdot 6) \cdot 15$

d) $11 \cdot (15 \cdot 6) \cdot 22$ e) $(12 \cdot 35) \cdot 24$ f) $(6 \cdot 11) \cdot (22 \cdot 15)$

## 4.3 Potenzen

### Erinnere dich!

Eine Potenz besteht aus einer **Grundzahl** (oder **Basis**) und einer **Hochzahl** (oder **Exponent**). Der Exponent gibt an, wie oft die Basis als Faktor genommen werden soll.

Beispiel: $8^5$ bedeutet $\underbrace{8 \cdot 8 \cdot 8 \cdot 8 \cdot 8}_{\text{5 mal der Faktor 8}}$, und wird gelesen: „8 hoch 5“.

Basis (Grundzahl) – Exponent (Hochzahl)

Man sagt: Die Zahl 8 wird mit 5 potenziert.

### So rechnest du mit Potenzen

Bei Potenzen darf man Exponent und Basis nicht vertauschen.

Beispiel: $3^5 = 3 \cdot 3 \cdot 3 \cdot 3 \cdot 3 = 243$; aber: $5^3 = 5 \cdot 5 \cdot 5 = 125$

**Beispiele**

Schreibe als Potenz und berechne: $7 \cdot 7 \cdot 7 \cdot 7 = 7^4 = 2\,401$.
Löse die Potenz auf und berechne: $6^3 = 6 \cdot 6 \cdot 6 = 216$.
Potenzen werden zuerst berechnet:
$6 \cdot 2^4 = 6 \cdot (2 \cdot 2 \cdot 2 \cdot 2) = 6 \cdot 16 = 96$.

**1 Schreibe als Potenzen und berechne den Wert der Potenz.**

a) $10 \cdot 10 \cdot 10 \cdot 10 \cdot 10$ b) $12 \cdot 12$ c) $2 \cdot 2 \cdot 2 \cdot 2 \cdot 2 \cdot 2$
d) $25 \cdot 25 \cdot 25$ e) Potenziere die Zahl 2 mit 10.

**2 Löse die Potenz auf und berechne.**

a) $10^3$ b) $5^5$ c) $11^4$ d) $1\,000^2$
e) $8^4$ f) $4^8$ g) $12^5$

**3 Berechne und achte dabei auch auf vorteilhaftes Rechnen.**

a) $7 \cdot 4^2$ b) $5 \cdot 10^3$ c) $16 \cdot 3^5$
d) $10 \cdot 9^2$ e) $15 \cdot 5^4 \cdot 20$ f) $25 \cdot 6^2 \cdot 4$
g) $2 \cdot 9^3 \cdot 50$ h) $(4 \cdot 6)^2$ i) $180 \cdot (2 \cdot 5)^5$

**4 Quadratzahlen**

Potenzen mit dem Exponenten 2 nennt man **Quadratzahlen,** weil man mit ihnen den Flächeninhalt eines Quadrates angeben kann.
Beispiel: 16 ist eine Quadratzahl, da $16 = 4^2$. Statt „16 ist 4 hoch 2" sagt man auch „16 ist 4 Quadrat".

a) Zeichne Quadrate mit den Seitenlänge 1, 2, 3, 4 Kästchen und zähle die Kästchen im Innern der Quadrate ab. Was stellst du fest?
b) Schreibe für die Grundzahlen 1 bis 25 alle Quadratzahlen auf.

## 4.4 Dividieren natürlicher Zahlen

**Erinnere dich!**

Rechenausdrücke wie 36 : 12 bezeichnet man als **Quotient.** Fachausdrücke sind:

| 36 | : | 12 | = | 3 |
|---|---|---|---|---|
| Dividend | | Divisor | | Wert des Quotienten |

Dividend : Divisor = Quotient

(Merkhilfe: Dividend steht im Wörterbuch in der alphabetischen Ordnung vor Divisor, genauso steht der Dividend in der Rechnung vor dem Divisor.)

**So formulierst du die Aufgabe als Rechenauftrag**

- Dividiere 36 durch die Zahl 12.
- Berechne den Wert des Quotienten der Zahlen 36 und 12.

Bei dem ersten Rechenauftrag erkennst du die richtige Reihenfolge der Zahlen so: Nach „durch" steht immer der Divisor.

**So rechnest du „Probe"**

Division und Multiplikation sind zueinander umgekehrte Rechenarten. Diesen Zusammenhang kann man nun gut gebrauchen, z. B. wenn man mit einer „Probe" überprüfen will, ob richtig gerechnet wurde:

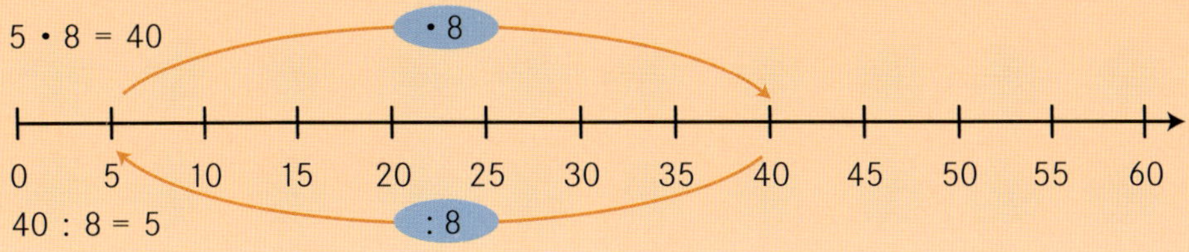

## Besonderheiten bei der Division

**Die Zahl Null tritt in einem Quotienten auf.**

Es ist 24 : 6 = 4, weil 4 · 6 = 24 ist.
Genauso ist 0 : 6 = 0, weil 0 · 6 = 0 ist.
Es gilt deshalb für jede positive Zahl:
Null dividiert durch irgendeine positive Zahl ergibt immer null.
Dagegen kann man für die Aufgabe 6 : 0 kein Ergebnis finden, weil es keine Zahl gibt, die mit 0 multipliziert 6 ergibt. Auch 0 : 0 bedeutet keine Zahl. Durch Null kann man nicht dividieren.

## Die Rechengesetze der Division

Es ist 16 : 8 = 2, aber 8 : 16 ergibt keine natürliche Zahl.
Es ist (120 : 60) : 2 = 2 : 2 = 1, aber es ist 120 : (60 : 2) = 120 : 30 = 4.
Die Beispiele zeigen: Bei der Division dürfen Dividend und Divisor nicht vertauscht werden. Die Veränderung der Klammersetzung ist ebenfalls nicht erlaubt.

**Distributivgesetz [1] (oder Verteilungsgesetz) der Division**

Eine Summe wird durch eine Zahl dividiert, indem man jeden einzelnen Summanden durch die Zahl dividiert und dann die Ergebnisse addiert.
Kurzform: $(a + b) : c = a : c + b : c$
Beispiel: (16 + 36) : 4 = 16 : 4 + 36 : 4
Das Distributivgesetz gilt auch für Differenzen:
Kurzform: $(a - b) : c = a : c - b : c$
Beispiel: (40 – 25) : 5 = 40 : 5 – 25 : 5

1 distribuere (lat.), to distribute (engl.): verteilen

## Schriftliches Dividieren

Nach und nach werden Vielfache des Divisors vom Dividenden subtrahiert.

Beispiele:

```
 154722 : 321 = 482
-1284         = 4 · 321
 ----
  2632
 -2568        = 8 · 321
  ----
   642
  -642        = 2 · 321
   ---
     0
```

```
 5672 : 19 = 298 Rest 10
-38        = 2 · 19
 --
 187
-171       = 9 · 19
 ---
  162
 -152      = 8 · 19
  ---
   10
```

Die Division geht nur dann ohne Rest auf, wenn der Dividend ein Vielfaches des Divisors ist.

**1 Schreibe als Quotient und berechne seinen Wert.**

a) Dividiere 5005 durch 5.
b) Dividiere 8888 durch 11.
c) Berechne den Wert des Quotienten der Zahlen 150000 und 75.

**2 Berechne und beachte die Besonderheiten beim Dividieren.**

a) 0 : 78
b) 763 : 763
c) (652 : 2) : 163
d) (800 : 200) : 4
e) 800 : (200 : 4)

**3 Rechne schriftlich.**

a) 10775 : 25
b) 51984 : 57
c) 26944 : 32
d) 196854 : 327
e) 156066 : 222
f) 4601553 : 451
g) 6592 : 16
h) 12345 : 23

**4 Schreibe eine passende Divisionsaufgabe und finde die fehlende Zahl durch eine „Probe“.**

a) Eine Zahl wird durch 74 dividiert. Der Wert des Quotienten ist 35.
b) Der Wert des Quotienten ist 420, der Dividend ist 52080.

## 4.5 Rechenausdrücke mit Klammern

**Erinnere dich!**

Was in Klammern steht, wird zuerst berechnet. Sind mehrere Klammern ineinander geschachtelt, beginnt man mit der innersten Klammer.

Beispiele:

$(16 \cdot 25) \cdot (80\,000 : 125) = 400 \cdot 640 = 256\,000$;

$(6^5 : 18) : [(135 : 5) \cdot 8] = (7\,776 : 18) : [27 \cdot 8] = 432 : 216 = 2$

**So rechnest du mit Klammern**

Klammern bei Termen mit Quotienten dürfen nicht verändert werden. Außerdem: In der fortlaufenden Rechnung stehen nur die Ergebnisse der einzelnen Rechenschritte. Nebenrechnungen fertigst du wie immer an einem abgeteilten Platz auf deiner Heftseite an.

**1 Berechne.**

a) $750 : (15 \cdot 5)$
b) $(990 : 33) \cdot 111$
c) $(368\,375 : 421) : 875$
d) $43\,200 : (24 \cdot 25)$
e) $100 \cdot [510 : (17 \cdot 2)]$
f) $[(15\,600 : 150) \cdot 14] : 56$

**2 Gib an, ob der Term ein Produkt oder ein Quotient ist.**

a) $144 : (6 \cdot 4)$
b) $(4\,000 : 250) \cdot 125$
c) $4\,680 : (270 : 6)$
d) $(88 \cdot 70) : (55 \cdot 112)$
e) $[(5^4 \cdot 16) : 80] \cdot (4 \cdot 200)$
f) $[48 \cdot (444 : 74)] : (792 : 99)$

**3 Setze die fehlenden Klammern.**

a) $27 : 9 \cdot 3 = 9$
b) $100 : 5 \cdot 4 : 2 = 10$
c) $12 \cdot 14 : 7 \cdot 6 : 2 = 2$

## 4.6 Rechenaufträge übersetzen

**Erinnere dich!**

Rechenaufträge wie „Dividiere die Potenz 6 hoch 3 durch das Produkt aus 12 und 9." müssen zum Berechnen erst in einen Term (Rechenausdruck) übersetzt werden: $6^3 : (12 \cdot 9)$.

**So übersetzt du den Rechenauftrag**

*Dividiere* die Potenz 6 hoch 3 durch das Produkt aus 12 und 9.
□ : □ „Dividiere" heißt: Es ist ein Quotient.
Dividiere *die Potenz 6 hoch 3* durch das Produkt aus 12 und 9.
$6^3$ : □ „die Potenz 6 hoch 3" heißt: die Ausgangszahl (der Dividend) ist $6^3$.
Dividiere die Potenz 6 hoch 3 *durch das Produkt aus 12 und 9.*
$6^3 : (12 \cdot 9) =$ „durch das Produkt aus 12 und 9" wird dividiert, das
$216 : 108 = 2$ Produkt $(12 \cdot 9)$ ist also der Divisor. Jetzt rechne ich aus.

Tipp Nach **„mit"** steht immer der 2. Faktor. Und nach **„durch"** findest du den Divisor.

**1 Übersetze in einen Term und berechne anschließend.**

a) Dividiere das Produkt der Zahlen 195 und 60 durch 390.
b) Multipliziere den Quotienten der Zahlen 476 und 7 mit $4^5$.
c) Dividiere das Produkt aus $10^4$ und 15 durch das Produkt der Zahlen 200 und 75.

**2 Schreibe als Rechenauftrag.**

a) $875 : (25 \cdot 5)$
b) $(256 : 32) \cdot 125$
c) $(72 \cdot 75) : (27 \cdot 40)$
d) $(3^4 \cdot 16) : 72$
e) $(120 : 24) \cdot (17 \cdot 2)$
f) $(15^2 \cdot 3^3) : 25$

## 4.7 Verbindung der Grundrechenarten

### Erinnere dich!

Vorrangregeln für das Rechnen mit Termen:

1. Klammern zuerst. Bei mehreren Klammern beginne mit der innersten.
2. Potenzen vor Punktrechnungen (· und :) vor Strichrechnungen (+ , –).
3. Bei Termen ohne Klammern rechne der Reihe nach von links nach rechts.

### Das Distributivgesetz[1] (oder Verteilungsgesetz)

Bei Rechenausdrücken mit mehreren Rechenarten gilt das Distributivgesetz (oder Verteilungsgesetz). Man kann es in verschiedenen Formen schreiben: Eine Summe wird mit einer Zahl multipliziert, indem man jeden einzelnen Summanden mit der Zahl multipliziert und dann die Ergebnisse addiert.

$(a + b) \cdot c = a \cdot c + b \cdot c$ Beispiel: $(11 + 30) \cdot 8 = 11 \cdot 8 + 30 \cdot 8$

Weitere Formen des Distributivgesetzes sind:

$(a + b) : c = a : c + b : c$ Beispiel: $(27 + 42) : 3 = 27 : 3 + 42 : 3$

$(a - b) \cdot c = a \cdot c - b \cdot c$ Beispiel: $(100 - 18) \cdot 5 = 100 \cdot 5 - 18 \cdot 5$

$(a - b) : c = a : c - b : c$ Beispiel: $(200 - 45) : 5 = 200 : 5 - 45 : 5$

In umgekehrter Richtung gelesen wird das Distributivgesetz beim **Ausklammern** angewandt:

$3 \cdot 17 + 7 \cdot 17 = (3 + 7) \cdot 17 = 10 \cdot 17 = 170$

$216 : 9 - 36 : 9 = (216 - 36) : 9 = 180 : 9 = 20$

Das Distributivgesetz kannst du vor allem beim Kopfrechnen anwenden.

$205 \cdot 15 = (200 + 5) \cdot 15 = 200 \cdot 15 + 5 \cdot 15 = 3000 + 75 = 3075$

$291 \cdot 8 = (300 - 9) \cdot 8 = 300 \cdot 8 - 9 \cdot 8 = 2400 - 72 = 2328$

---

1 distribuere (lat.), to distribute (engl.): verteilen

**1 Berechne.**

a) $235 - 16 \cdot 3$
b) $7 \cdot (2 + 4 \cdot 2)$
c) $6 \cdot 7 - 32 : 4^2$
d) $426 + (72 \cdot 38 - 1\,376)$
e) $320 : [(24 - 8) \cdot 4]$
f) $(4\,096 : 256) \cdot (26 - 16)$
g) $9\,999 + 3\,622 : (3\,066 - 251 \cdot 5)$
h) $105 : 15 - 1\,234 \cdot [32 - (4 + 4 \cdot 7)]$

**2 Nutze das Distributivgesetz und berechne möglichst im Kopf.**

a) $8 \cdot 144 + 8 \cdot 56$
b) $312 : 12 - 72 : 12$
c) $75 \cdot 6 + 135 \cdot 6$

**3 Übersetze in einen Term und berechne anschließend.**

a) Addiere zum Produkt der Zahlen 13 und 17 den Quotienten aus 279 und 31.
b) Multipliziere die Summe der Zahlen 9 753 und 2 468 mit der Differenz derselben Zahlen.
c) Dividiere die Differenz der Zahlen 8 767 und 3 583 durch das Produkt der Zahlen 16 und 9.
d) Subtrahiere die fünffache Summe der Zahlen 179 und 98 vom Produkt aus 19 und der Summer der Zahlen 9 und 84.
e) Multipliziere die dritte Potenz von 4 mit der Summe aus 84 und 46 und dividiere das Ergebnis durch die Differenz aus 1 900 und 236.

**4 Setze Klammern so ein, dass die Rechnung stimmt.**

a) $47 - 13 \cdot 3 = 102$
b) $108 : 28 - 16 = 9$
c) $36 + 3 : 13 : 3 = 1$

## 4.8 Multiplizieren und Dividieren ganzer Zahlen

**Erinnere dich!**

$-6 \cdot (-4) = +24$

$16 \cdot (-2) = (+16) \cdot (-2) = -32$

$-8 \cdot 5 = -8 \cdot (+5) = -40$

$-35 : (-7) = +5$

$24 : (-3) = (+24) : (-3) = -8$

$-45 : 9 = -45 : (+9) = -5$

**So multiplizierst und dividierst du ganze Zahlen**

Ganze Zahlen werden zuerst ohne Beachtung der Vorzeichen multipliziert bzw. dividiert. Das Ergebnis ist
**positiv,** wenn beide Zahlen das gleiche Vorzeichen besitzen,
**negativ,** wenn die beiden Zahlen unterschiedliche Vorzeichen besitzen.

Kurzform

minus mal minus = plus mal plus = plus
„–“ mal „–“ = „+“ mal „+“ = „+“

minus durch minus = plus durch plus = plus
„–“ durch „–“ = „+“ durch „+“ = „+“

minus mal plus = plus mal minus = minus
„–“ mal „+“ = „+“ mal „–“ = „–“

minus durch plus = plus durch minus = minus
„–“ durch „+“ = „+“ durch „–“ = „–“

Bei der Multiplikation mehrerer Faktoren gilt: Das Ergebnis ist
**positiv,** wenn die Anzahl der negativen Faktoren gerade ist,
**negativ,** wenn die Anzahl der negativen Faktoren ungerade ist.

Beispiele: $(-2) \cdot (+4) \cdot (-5) = +40$
Das Ergebnis ist positiv, da die Anzahl der negativen Faktoren gerade ist.
$10 \cdot (-3) \cdot (-2) \cdot (-5) = -300$.
Das Ergebnis ist negativ, da die Anzahl der negativen Faktoren ungerade ist.

## Potenzen

Bei Potenzen mit negativen Zahlen ist das Ergebnis
**positiv,** wenn der Exponent eine gerade Zahl ist,
**negativ,** wenn der Exponent eine ungerade Zahl ist.

Beispiele:
$(-2)^4 = (-2) \cdot (-2) \cdot (-2) \cdot (-2) = +16$
Der Exponent 4 ist eine gerade Zahl, die Anzahl der negativen Faktoren ist also gerade: Das Ergebnis ist positiv.
$(-5)^3 = (-5) \cdot (-5) \cdot (-5) = -125$
Der Exponent 3 ist eine ungerade Zahl, die Anzahl der negativen Faktoren ist also ungerade: Das Ergebnis ist negativ.

## Die Rechengesetze

**Kommutativgesetz[1] (oder Vertauschungsgesetz) der Multiplikation**
Kurzform: $a \cdot b = b \cdot a$
Beispiel: $(-8) \cdot 12 = -96$ und $(-12) \cdot 8 = -96$

**Assoziativgesetz[2] (oder Verbindungsgesetz) der Multiplikation**
Kurzform: $(a \cdot b) \cdot c = a \cdot b \cdot c = a \cdot (b \cdot c)$
Beispiel:
$[(-15) \cdot (-25)] \cdot 4 = (-15) \cdot (-25) \cdot 4 \cdot = (-15) \cdot [(-25) \cdot 4] = 1\,500$

1 commutare (lat.): vertauschen, austauschen
2 associare (lat.): vereinigen, verbinden

**Distributivgesetz** [1] **(oder Verteilungsgesetz)**

▶ **bei der Multiplikation:**

$(a + b) \cdot c = a \cdot c + b \cdot c$

Beispiel: $(11 + 30) \cdot (-8) = 11 \cdot (-8) + 30 \cdot (-8)$

$(a - b) \cdot c = a \cdot c - b \cdot c$

Beispiel: $(-80 - 18) \cdot (-5) = (-80) \cdot (-5) - 18 \cdot (-5)$

▶ **bei der Division:**

$(a + b) : c = a : c + b : c$

Beispiel: $(27 + 42) : (-3) = 27 : (-3) + 42 : (-3)$

$(a - b) : c = a : c - b : c$

Beispiel: $(90 - 45) : (-5) = 90 : (-5) - 45 : (-5)$

**1 Bestimme als Erstes das Vorzeichen und rechne dann im Kopf.**

a) $-8 \cdot 6$
b) $-8 \cdot (-6)$
c) $42 : (-7)$
d) $-42 : (-7)$
e) $14 \cdot (-1) \cdot (-5)$
f) $(-3)^5$
g) $0 : (-125)$
h) $-88 : (-11) \cdot (-7)$
i) $(-1)^{12}$
j) $(-2) \cdot 7^2$
k) $1 \cdot (-2) \cdot 3 \cdot (-4) \cdot 5 \cdot (-6)$

**2 Berechne.**

a) $-196 : 14$
b) $345 \cdot (-42)$
c) $-12\,288 : 192$
d) $-54 \cdot (-11)$
e) $(-12) \cdot (-14) \cdot (-21)$
f) $375 : (-25) \cdot (-5) + 25$
g) $375 : [(-25) \cdot (-5)] + 25$

**3 Welche Behauptung ist wahr? Welche ist falsch? Entscheide ohne Rechnung.**

a) $-9 \cdot 20 < 9 \cdot 20$
b) $-30 \cdot (-15) > -30 \cdot 15$
c) $45 : (-5) > 45 : 9$
d) $23 \cdot (-27) > (-23) \cdot 25$
e) $480 : (-24) = -240 : 12$
f) $180 : 15 > 180 : (-12)$

1 distribuere (lat.), to distribute (engl.): verteilen

**4** **Berechne. Wende die Rechengesetze zum vorteilhaften Rechnen an.**

a) $-4 \cdot (-17) \cdot (-25)$ b) $5 \cdot (-82) \cdot (-20)$ c) $14 \cdot 36 - 19 \cdot 36$
d) $60 \cdot (-3) - 35 \cdot (-3)$ e) $16 \cdot (-14) + 16 \cdot 19$ f) $-20 \cdot 215 - 400 \cdot (-20)$

**5** **Berechne durch Ausmultiplizieren.**

a) $(-9 - 11) \cdot 8$ b) $(-40) \cdot (12 + 11)$ c) $(-25) \cdot [-8 + (-12)]$
d) $(-4) \cdot [(-15) - (-45)]$ e) $[(-36) + 64] \cdot 5$ f) $[25 - (-45)] \cdot (-2)$

**6** **Übersetze in einen Term und berechne anschließend.**

a) Subtrahiere vom Produkt aus (– 12) und 25 die Zahl (– 150).
b) Dividiere die Differenz aus (– 8) und (– 43) durch die Zahl (–7).
c) Addiere zum Quotienten aus (– 527) und (– 31) das Produkt der Zahlen (– 9) und 17.
d) Subtrahiere die Summe der Zahlen (– 278) und 88 vom Quotienten aus 164 und (– 4).
e) Multipliziere die Differenz der Zahlen 168 und (– 232) mit dem Produkt aus (– 4) hoch 3 und der Zahl (– 2).
f) Dividiere die Summe der Zahlen (– 840) und 1 842 durch die Differenz der Zahlen 141 und (– 26).

# Test Kapitel 4

**1 Multipliziere. Achte dabei auf Rechenvorteile.**

a) $(125 \cdot 25) \cdot (8 \cdot 4)$ |2|
b) $1\,013 \cdot 4\,823$ |2|

**2 Löse die Potenz auf und berechne.**

a) $5^4 \cdot 200$ |2|
b) $(-3)^3 \cdot 2^6$ |2|

**3 Berechne.**

a) $(77 : 11) \cdot (187 \cdot 6)$ |3|
b) $(17 - 3 \cdot 4) + [135 : (9 \cdot 5)]$ |4|

**4 Nutze das Distributivgesetz und berechne.**

a) $16 \cdot 55 - 16 \cdot 25$ |2|
b) $(88 + 66) : 22$ |2|

**5 Übersetze in einen Term. Du musst nichts rechnen.**
Multipliziere den Quotienten der Zahlen 900 und 60 mit $5^4$. |2|

**6 Rechnen mit ganzen Zahlen.**

a) $(-5) \cdot (-3) \cdot (-1) \cdot 20$ |2|
b) $(-2 \cdot 5) \cdot (-2)^5$ |2|
c) $-7 \cdot 25 - 1\,200 : (-8)$ |3|

||28||

Wie viele Punkte hast du? Erreichst du mehr als 21 Punkte, beherrschst du den Inhalt des Kapitels wirklich gut. Erreichst du weniger als 14 Punkte, dann solltest du dieses Kapitel wiederholen.

# 5 GEOMETRISCHE GRUNDFORMEN

**Was du am Ende des Kapitels kannst:**

- ▷ Körper, Flächen und Linien benennen und beschreiben
- ▷ geometrische Grundbegriffe und Schreibweisen anwenden
- ▷ mit dem Geodreieck Parallele, Senkrechte und Winkel zeichnen
- ▷ im Koordinatensystem Zeichnungen erstellen und Werte entnehmen
- ▷ Winkel benennen, unterscheiden und messen

## 5.1 Körper

**Erinnere dich!**

Regelmäßig geformte Gegenstände nennt man in der Mathematik **geometrische Körper.** Die wichtigsten Körper nennen wir **Grundkörper.**

**Die Grundkörper und ihre Eigenschaften**

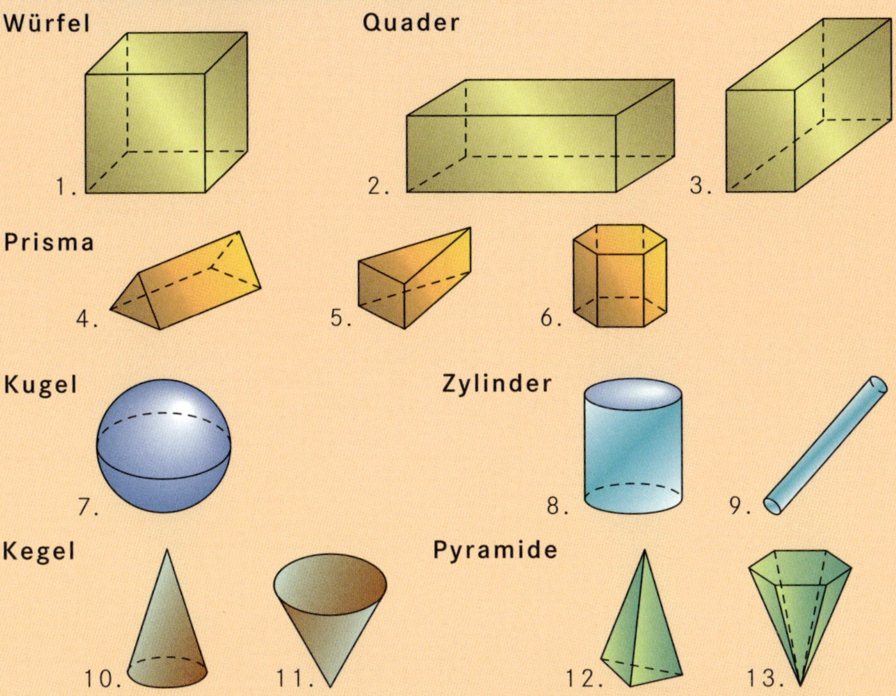

Körper werden von **Flächen** begrenzt. Es gibt **ebene** und **gekrümmte Begrenzungsflächen.** Wo zwei Flächen zusammentreffen, entsteht eine **Begrenzungslinie (Kante).** Es gibt **gerade** und **gekrümmte Begrenzungslinien.**

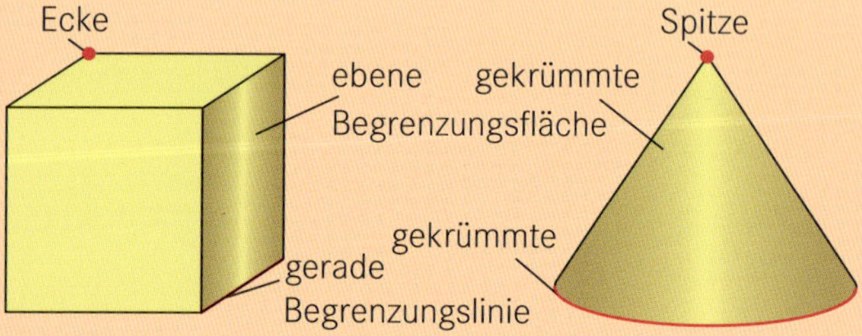


Treffen sich zwei Kanten, entsteht eine **Ecke.** Bei gekrümmten Begrenzungsflächen kann eine **Spitze** entstehen (z. B. beim Kegel).

## So zeichnest du ein Schrägbild

Bei einem **Schrägbild** werden die waagerechten und senkrechten Kanten des Körpers in richtiger Größe gezeichnet, die senkrecht nach hinten verlaufenden Kanten meist längs Kästchendiagonalen und so verkürzt, dass 1 cm im Schrägbild die Länge einer Kästchendiagonalen hat.

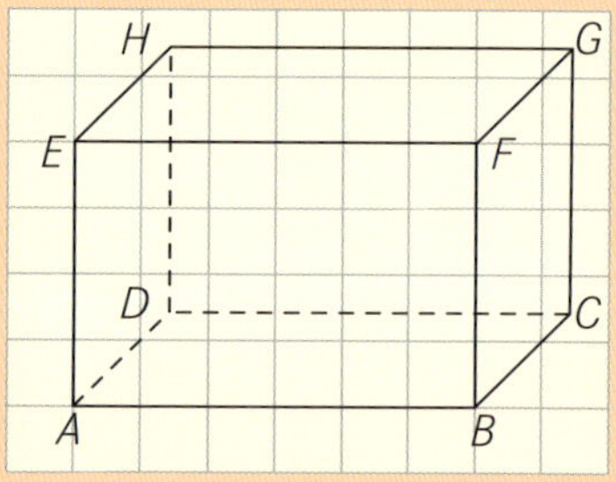


### 1 Die Grundkörper

Gib in einer Tabelle für die Grundkörper aus der Abbildung auf Seite 61 jeweils die Anzahl der Ecken, Flächen und Kanten sowie die Art der Flächen und Kanten an. (Spitzen werden als Ecken gezählt!)

### 2 Schrägbilder

a) Zeichne ein Schrägbild eines Würfels der Kantenlänge 4 cm.

b) Zeichne ein Schrägbild eines Quaders, der 5 cm lang, 3 cm breit und 4 cm hoch ist.

## 5.2 Flächen

**Erinnere dich!**

Als Begrenzungsflächen der Körper treten **ebene Flächen** und **gekrümmte Flächen** auf.

**So unterscheidest du die verschiedenen Flächen**

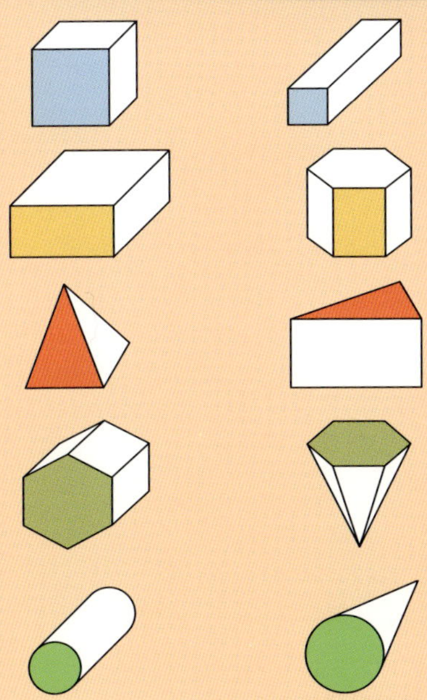

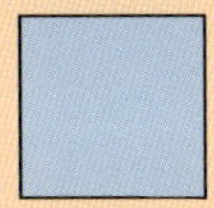
Quadrat

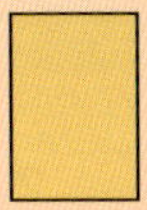
Rechteck

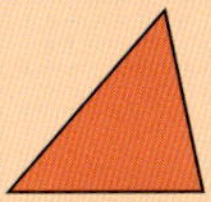
Dreieck

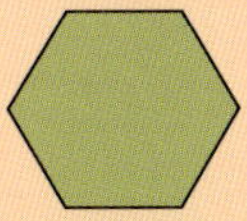
Sechseck

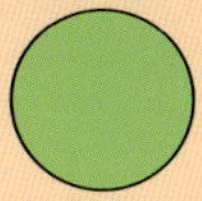
Kreis

Diese **gekrümmten Begrenzungsflächen** treten bei Grundkörpern auf:

Die Kugeloberfläche:

Die Mantelfläche des Zylinders:

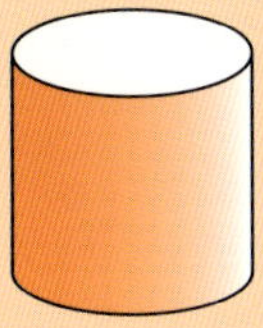

Die Mantelfläche des Kegels:

## So erhältst du das Netz eines Quaders

Das **Netz** eines Körpers erhält man, wenn man seine Begrenzungsflächen in eine Ebene umklappt.

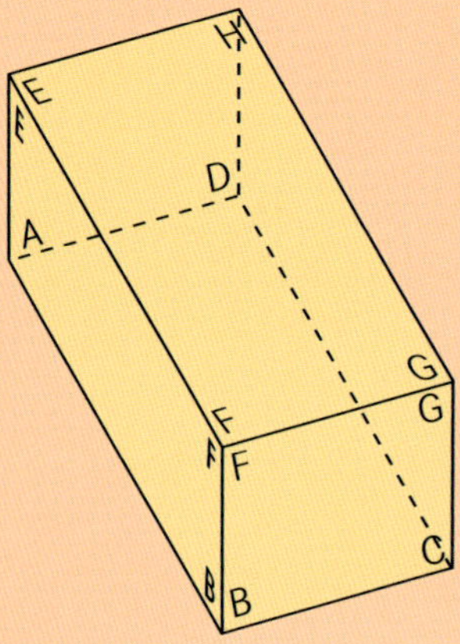


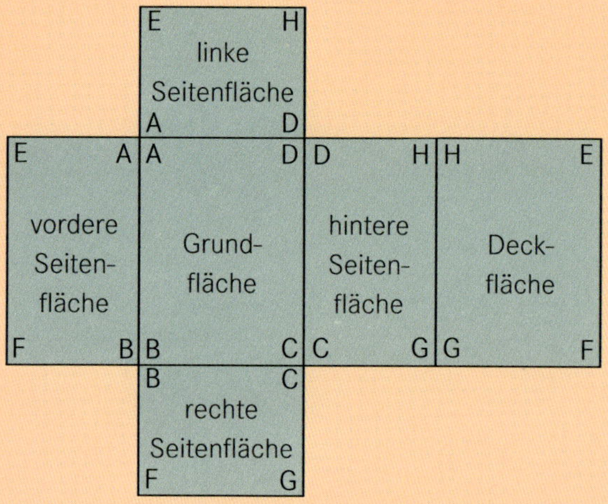


Das **Netz eines Quaders** besteht aus sechs Rechtecken, von denen je zwei gleich sind. Netze des gleichen Körpers können verschieden aussehen.

### 1 Wie heißen die Begrenzungsflächen der Grundkörper?

Gib in einer Tabelle für die Grundkörper aus der Abbildung auf Seite 61 jeweils an, welche Begrenzungsflächen sie besitzen.

### 2 Fragen zu den Grundkörpern und ihren Begrenzungsflächen

a) Welcher Grundkörper hat nur Quadrate als Begrenzungsflächen?
b) Welche Grundkörper haben Kreise als Begrenzungsflächen?
c) Welche Grundkörper haben Dreiecke als Begrenzungsflächen?
d) Welche Grundkörper haben gekrümmte Begrenzungsflächen?
e) Welche Grundkörper haben fünf Begrenzungsflächen?
f) Welche Grundkörper haben nur ebene Begrenzungsflächen?

## 3 Zwei ausgewählte Grundkörper

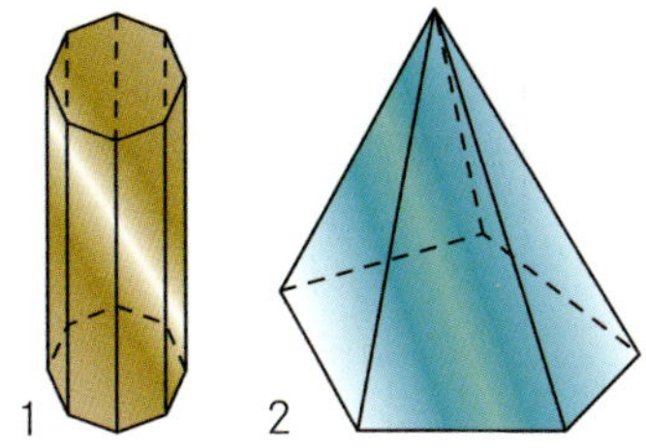


a) Wie heißen diese Körper?
b) Wie viele Ecken, Kanten und Begrenzungsflächen hat jeder Körper?
c) Wie heißen die Begrenzungsflächen?

## 4 Richtig oder falsch?

a) Jedes Rechteck ist ein Quadrat.
b) Bei einem Prisma sind zwei Flächen gleiche *n*-Ecke.
c) Eine Pyramide hat vier Dreiecke als Begrenzungsflächen.
d) Die gekrümmte Fläche eines Zylinders lässt sich in ein Rechteck abwickeln.
e) Ein Körper, der nur Dreiecke als Begrenzungsflächen hat, ist eine Pyramide.

## 5 Netze von Würfel und Quader

a) Welche Abbildung ist kein Würfelnetz bzw. Quadernetz?

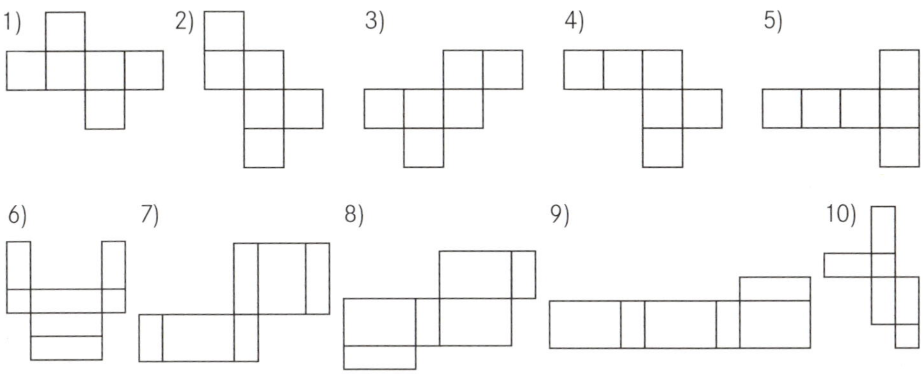


b) Zeichne zwei verschiedene Netze eines Würfels der Kantenlänge 3 cm.
c) Zeichne zwei verschiedene Netze eines Quaders, der 4 cm lang, 3 cm breit und 2 cm hoch ist.

## 5.3 Kanten und Linien, senkrecht und parallel

### Erinnere dich!

Bei Körpern mit geraden Begrenzungslinien verwendet man oft **Kantenmodelle:**

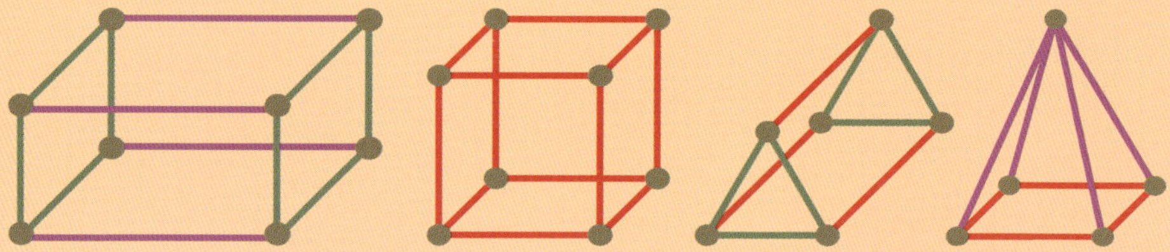

Bei den Grundkörpern treten als Begrenzungslinien außer **Kanten** auch **Kreislinien** auf. Bei den Grundformen der ebenen Flächen treten ferner **Dreiecks-, Vierecks-** und **Vieleckslinien** als Begrenzungslinien auf.

### Senkrecht und parallel bei Körpern

Bei Körpern mit ebenen Begrenzungsflächen und geraden Begrenzungslinien treten Flächen und Linien auf, die **zueinander senkrecht** (⊥) bzw. **zueinander parallel** (||) sind.

Beispiele:

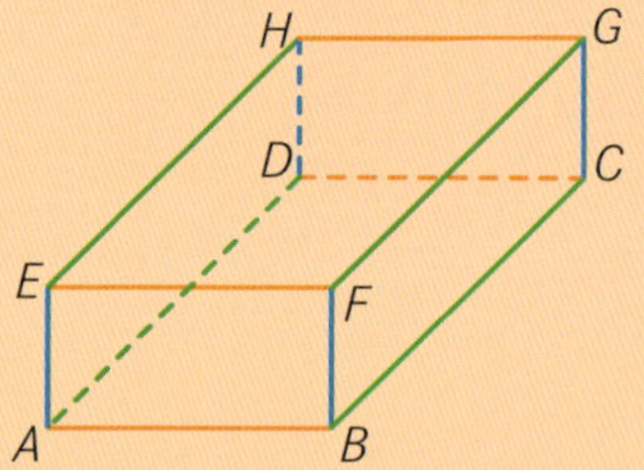


An der Ecke *A* sind zueinander senkrecht:

- die Flächen *ABCD, ABFE* und *AEHD*
- die Kanten $\overline{AB}$, $\overline{AD}$ und $\overline{AE}$

Zueinander parallel sind:

- die Flächen *ABCD* und *EFGH,* bzw. die Flächen *ABFE* und *DCGH*
- die Kanten $\overline{AB}$, $\overline{DC}$, $\overline{HG}$ und $\overline{EF}$ bzw. $\overline{AE}$, $\overline{BF}$, $\overline{CG}$ und $\overline{DH}$ bzw. $\overline{AD}$, $\overline{BC}$, $\overline{FG}$ und $\overline{EH}$

## 1 Zueinander senkrecht, zueinander parallel.

a) Welche Kanten sind zur Kante $\overline{DH}$ senkrecht?
b) Welche Flächen sind zu *CGHD* senkrecht?
c) Welche Kanten sind zur Kante $\overline{HG}$ parallel?
d) Welche Flächen sind zu *CGHD* parallel?

### Linien in der Ebene

Die gerade Verbindungslinie zweier Punkte heißt **Strecke.**

Beispiel:
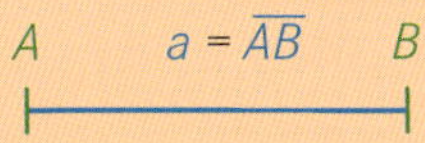


Für die Streckenlänge schreibt man: $\overline{AB}$ = 4 cm.

Eine unendlich lange gerade Linie ohne Anfangs- und Endpunkt heißt **Gerade.**

Beispiel:
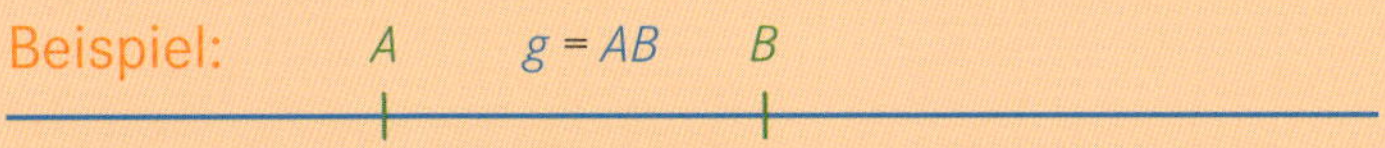


Eine unendlich lange gerade Linie mit einem Anfangspunkt und ohne Endpunkt heißt **Halbgerade.**

Beispiel:

Alle Punkte der Zeichenebene, die von einem Punkt *M* dieselbe Entfernung *r* haben, bilden die **Kreislinie** um den **Mittelpunkt** *M* mit dem **Radius** *r*.

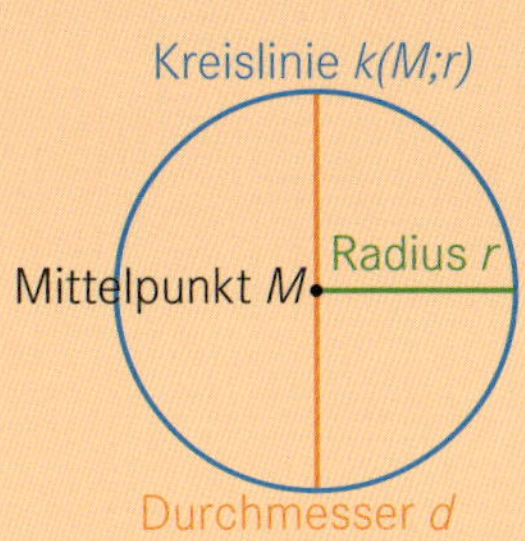


Die Kennzeichnung, ob ein Punkt auf einer Linie liegt, erfolgt mit den Zeichen ∈ oder ∉.

Beispiel: $B \in AB$; M $\notin k(M;\, r)$

Überkreuzen sich zwei Linien, so haben sie einen gemeinsamen Punkt, den man **Schnittpunkt** nennt.

Beispiel: $g \cap h = \{S\}$

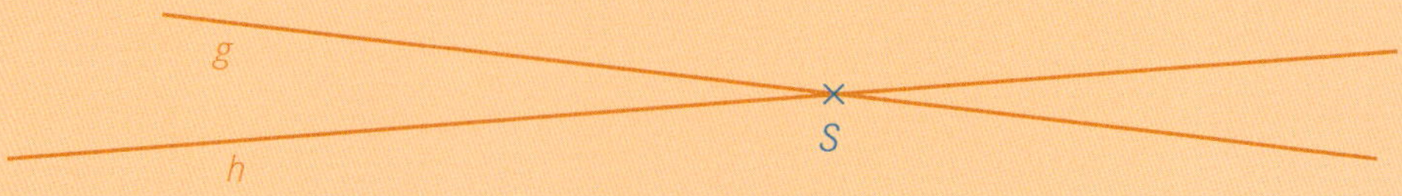


**2** **Übertrage in dein Heft und setze das richtige Zeichen (∈, ∉) ein.**

a) $E$ ☐ $AC$  b) $E$ ☐ $k$

c) $C$ ☐ $\overline{AE}$  d) $B$ ☐ $k$

**3** **Übertrage in dein Heft und ergänze.**

a) $AC \cap \overline{BD} =$ ☐

b) $k \cap$ ☐ $= \{B; D\}$

c) $\overline{AF} \cap EC =$ ☐

d) $\overline{ED} \cap \overline{AE} =$ ☐

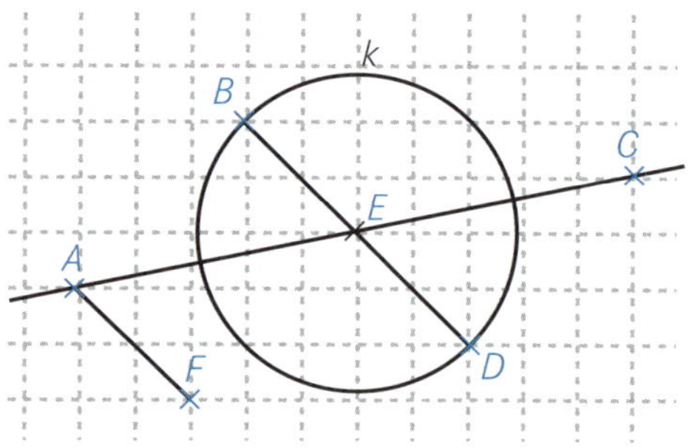


## Senkrecht und parallel bei Linien

Strecken, Geraden und Halbgeraden können auch zueinander senkrecht (⊥) oder parallel (||) sein.

Beispiele:

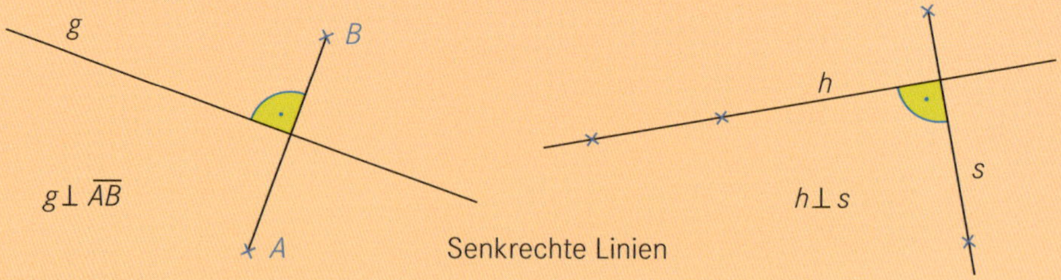


Senkrechte Linien

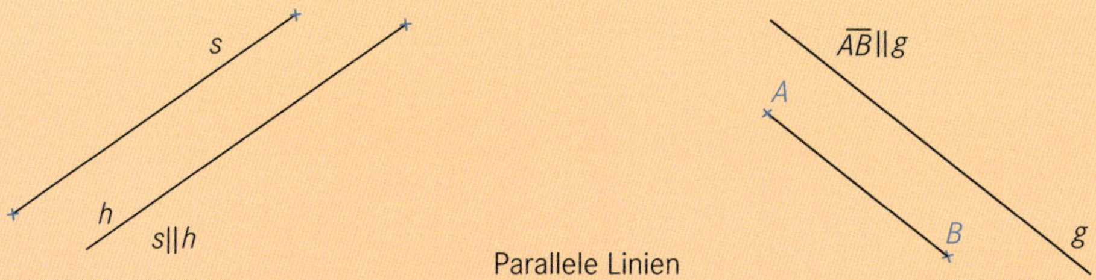


Parallele Linien

Eine Gerade, die zu einer anderen geraden Linie senkrecht ist, nennt man **Lotgerade** oder kurz **Lot** bzw. **Senkrechte.** Ist eine Gerade zu einer anderen geraden Linie parallel, nennt man sie **Parallele.**

## So gehst du beim Überprüfen und Zeichnen vor

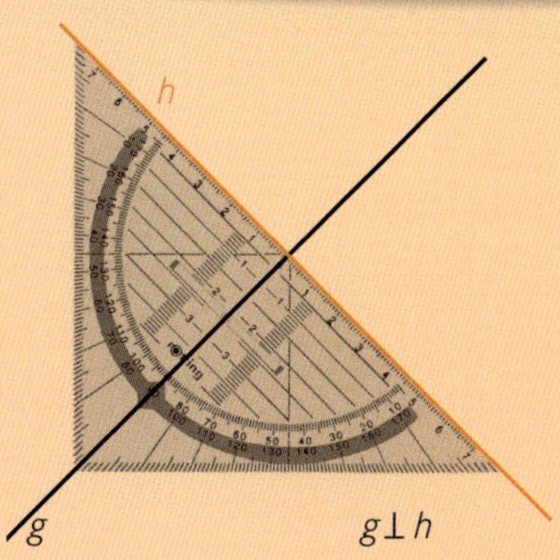


Beim Überprüfen:

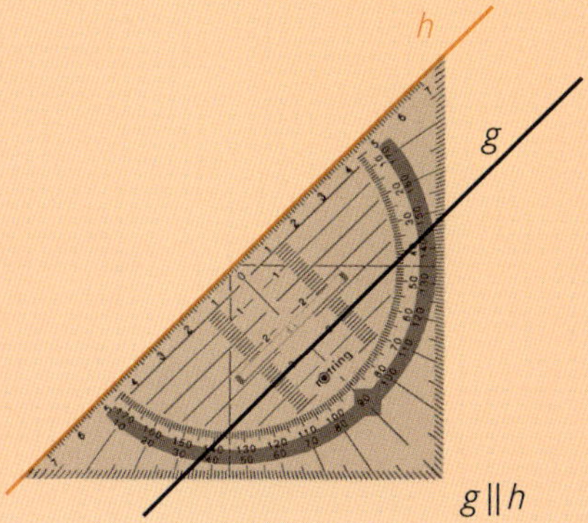


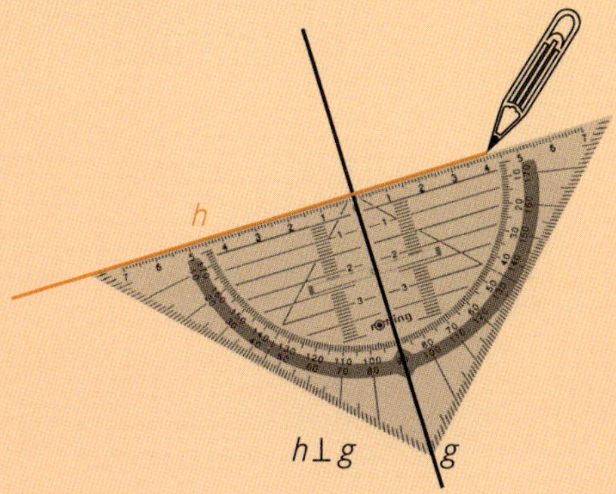


Beim Zeichnen:

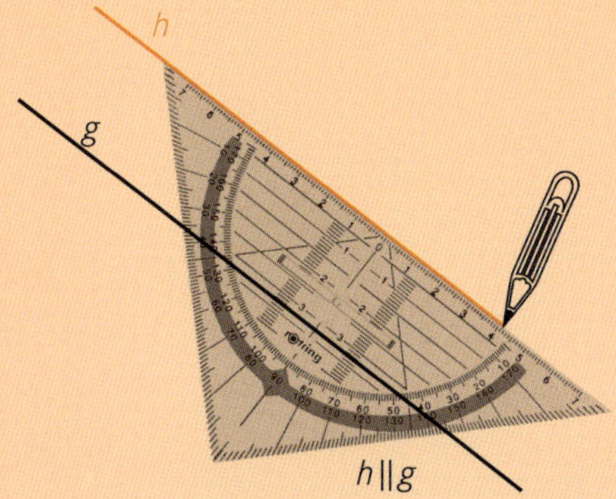

**4** **Überprüfe, welche Linien zueinander senkrecht bzw. parallel sind.**

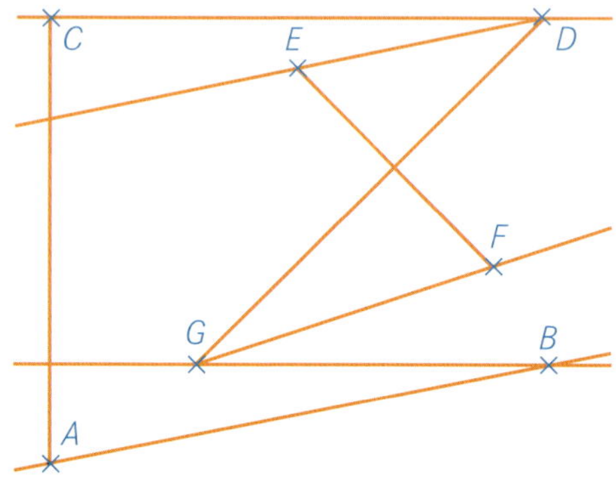


**5** **Zeichne in dein Heft.**

a) Zwei zueinander senkrechte Strecken.
b) Zwei zueinander senkrechte Geraden.
c) Zwei zueinander parallele Strecken.
d) Zwei zueinander parallele Geraden.

## 5.4 Arbeiten im Koordinatensystem

### So arbeitest du mit Koordinaten

Zwei zueinander senkrechte Zahlengeraden, die sich an ihren Nullpunkten schneiden, bilden ein **Koordinatensystem.** Ihr Schnittpunkt *O* heißt **Ursprung.** Die waagerechte Zahlengerade heißt ***x*-Achse,** die vertikale Zahlengerade heißt ***y*-Achse.** Die Achsen unterteilen die Zeichenebene in vier **Quadranten,** die entgegen dem Uhrzeigersinn gezählt werden.
Jeder Punkt kann eindeutig mit seinen **Koordinaten** angegeben werden, wobei zuerst die ***x*-Koordinate** und dann die ***y*-Koordinate** notiert wird.
Beispiele: $P(4\,|\,-2)$, $Q(-5\,|\,3)$

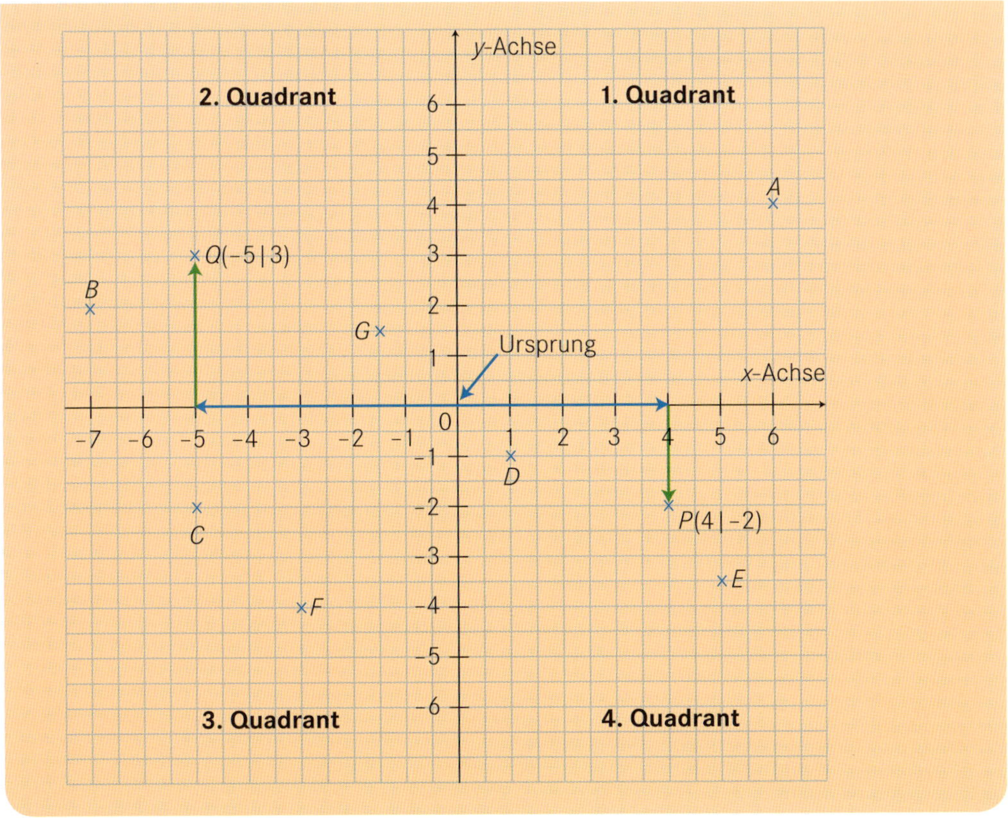


**1** **Gib die Koordinaten der anderen Punkte an.**

**2** **Zeichne ein Koordinatensystem, wo eine Längeneinheit 1 cm entspricht und die beiden Achsen jeweils 10 LE lang sind. Trage folgende Punkte ein: *A* (2 | 1), *B* (8 | 1), *C* (2 | 3), *D* (7 | 4), *E* (0 | 5), *F* (3 | 5), *G* (6 | 7), *H* (8 | 8), *I* (4 | 9), *K* (8 | 9).**

a) Welche Punkte sind Eckpunkte des Quadrats? Welche Punkte sind Eckpunkte eines Rechtecks? Zeichne dann das Rechteck und das Quadrat ein.

b) Verbinde die drei restlichen Punkte geradlinig miteinander.

c) Bestimme die Umfänge von Quadrat, Rechteck und Dreieck.

**3 Zeichne folgende Punkte in ein Koordinatensystem ein, wobei eine Längeneinheit 1 cm entspricht: *P*(16 | 8), *Q*(13 | 11), *R*(9 | 12), *S*(1 | 8), *T*(1 | 5), *U*(4 | 2), *V*(7 | 2), *W*(16 | 5).**

a) Zeichne die Strecke $s = \overline{SV}$, die Gerade $h = UP$, die Gerade $g = WR$ und die Strecke $a = \overline{TQ}$.

b) Es entstehen die folgenden Schnittpunkte: $s \cap h = \{A\}$, $g \cap h = \{B\}$, $g \cap a = \{C\}$ und $s \cap a = \{D\}$. Gib die Koordinaten der Punkte *A, B, C* und *D* an.

c) Bestimme den Umfang des Vierecks *ABCD.*

d) Gib an, welche Linien zueinander parallel sind.

e) Zeichne die Lotgerade zu $\overline{SV}$ durch *R* und die Lotgerade zu *RW* durch *U.*

f) Gib an, welche Linien zu *RD* senkrecht sind und welche Linien zu *UQ* senkrecht sind.

**4 Zeichne ein Koordinatensystem wie auf Seite 71 und trage dann die Punkte *A*(− 5 | − 5), *B*(1 | − 2), *C*(4 | 1), *E*(4 | 4), *G*(− 8 | 1) und *H*(− 2 | − 5) ein.**

a) Zeichne *AB*, $\overline{GH}$, die Parallele *p* zu *AB* durch *E* und die Parallele *q* zu $\overline{GH}$ durch *C.* Gib die Koordinaten der vier Schnittpunkte an.

b) Gib die Koordinaten des Schnittpunkts *D* der *y*-Achse mit *q* an.

c) Zeichne das Lot *l* von *G* auf die *x*-Achse und gib die Koordinaten des Schnittpunkts *F* von *l* mit *p* an.

## 5.5 Winkel

**Erinnere dich!**

Zwei Halbgeraden mit gemeinsamem Anfangspunkt bilden einen **Winkel.** Die Halbgeraden heißen **1. Schenkel** und **2. Schenkel,** der gemeinsame Anfangspunkt heißt **Scheitel.** Den Bereich zwischen den Schenkeln nennt man **Winkelfeld.**

## So ist ein Winkel aufgebaut

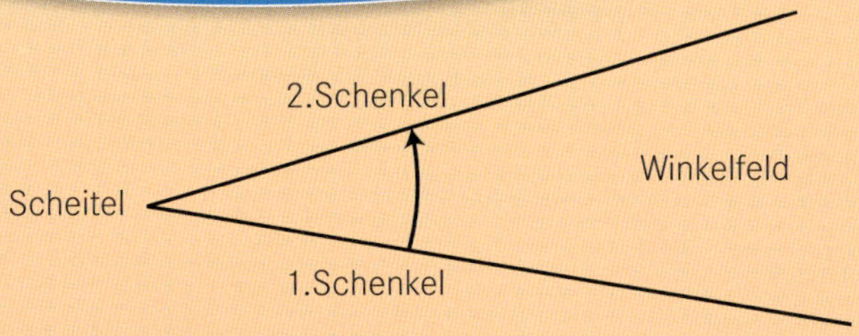


Winkel werden mit kleinen griechischen Buchstaben bezeichnet:
$\alpha$ Alpha $\beta$ Beta $\gamma$ Gamma $\delta$ Delta $\varepsilon$ Epsilon $\varphi$ Phi $\omega$ Omega
In der Mathematik werden Winkel (sofern nicht anders angegeben) gegen den Uhrzeigersinn gezeichnet und gemessen.

## Winkelmessung

Die Einheit der Winkel ist **Grad.** 1 Grad (1 °) ist der 360. Teil des Vollwinkels, bei dem der 2. Schenkel auf dem ersten Schenkel zu liegen kommt.

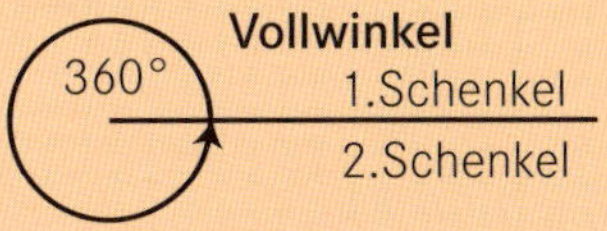


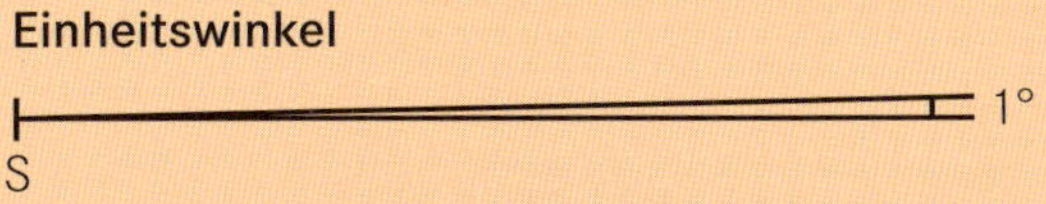


Zur Winkelmessung verwenden wir den Winkelmesser des Geodreiecks.
Das Geodreieck wird so angelegt, dass die Linealkante längs des 1. Schenkels verläuft und die Null im Scheitel des Winkels liegt.
Auf der äußeren Skala wird dann gemessen.

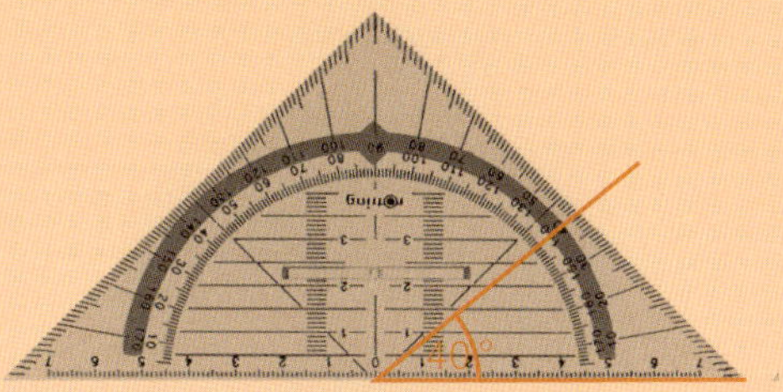


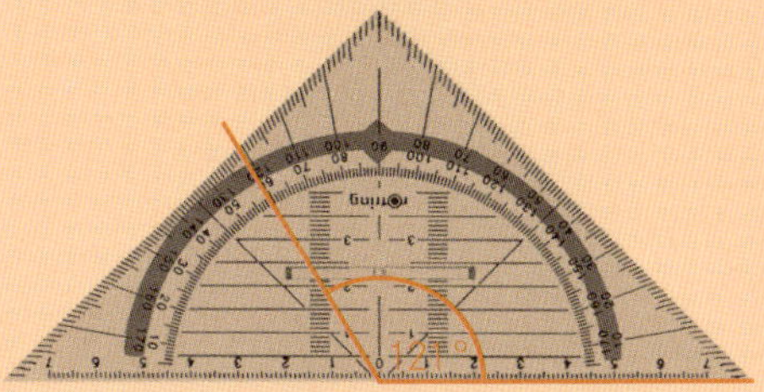

## Bezeichnungen für Winkel

Man kann Winkel statt mit griechischen Buchstaben auch auf folgende Arten bezeichnen:

- durch zwei Halbgeraden, die Schenkel.

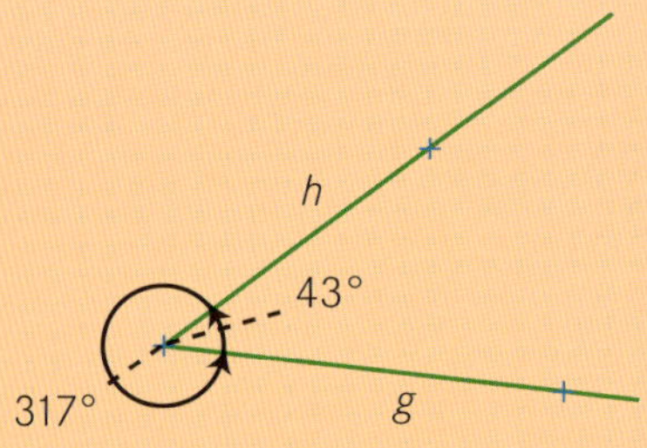


$\sphericalangle(g, h) = 43°$, $\sphericalangle(h, g) = 317°$

Beachte die Reihenfolge:

- 1. Schenkel, 2. Schenkel

- durch drei Punkte.

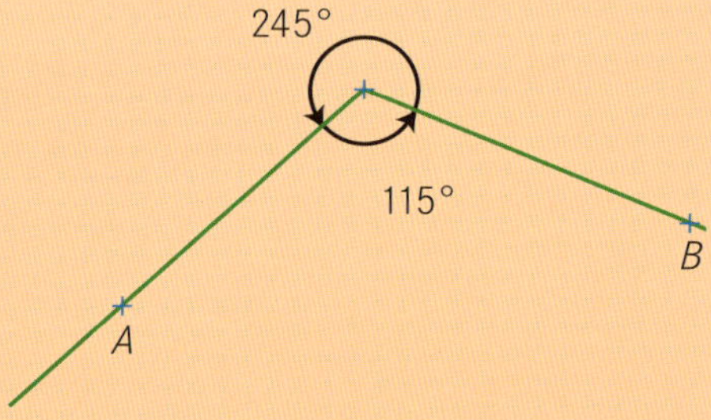


$\sphericalangle ACB = 115°$, $\sphericalangle BCA = 245°$

- Punkt auf dem 1. Schenkel, Scheitel, Punkt auf dem 2. Schenkel

## Winkelarten

Man unterscheidet Winkel nach ihren Größen:

| Nullwinkel | Spitzer Winkel | Rechter Winkel | Stumpfer Winkel |
|---|---|---|---|
| $\alpha = 0°$ | $0° < \beta < 90°$ | $\gamma = 90°$ | $90° < \delta < 180°$ |

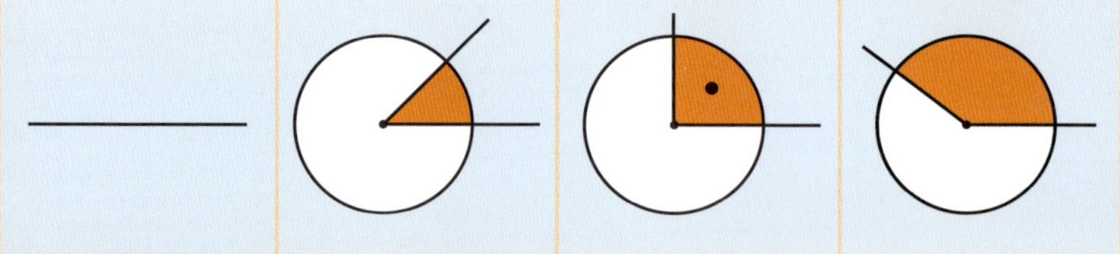

| Gestreckter Winkel | Überstumpfer Winkel | Vollwinkel |
|---|---|---|
| $\varepsilon = 180°$ | $180° < \varphi < 360°$ | $\omega = 360°$ |
| 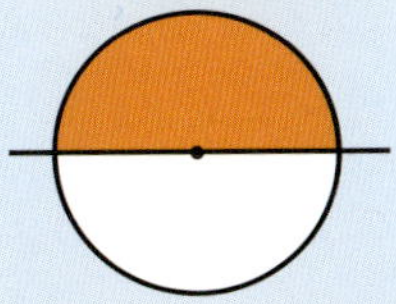 | 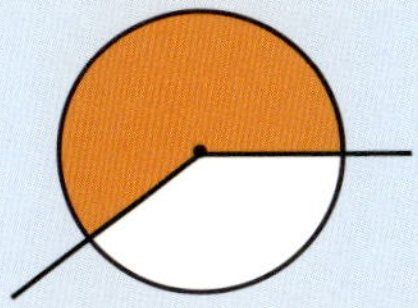 | 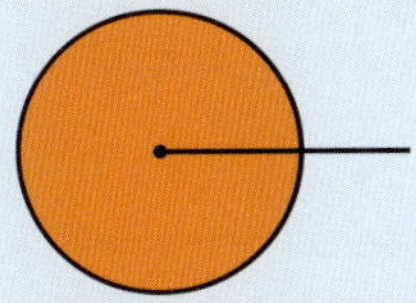 |

**1** **Schätze die Winkel in der Zeichnung zuerst, gib dann die Winkelart an und miss die Winkel.**

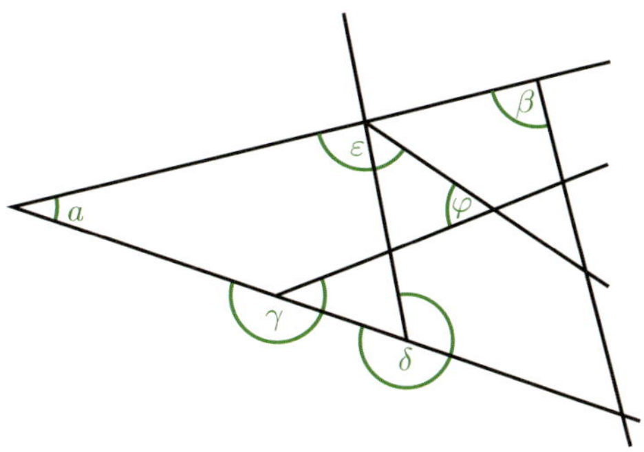


**2** **Zeichne den Winkel und gib die Winkelart an.**

a) 60° b) 135°
c) 20° d) 99°
e) 275° f) 210°

**3** **Winkel im Dreieck und Viereck.**

a) Zeichne ein Dreieck *ABC* und miss die Winkel ∡*BAC*, ∡*CBA* und ∡*ACB*.
b) Zeichne ein Viereck *ABCD* und miss die Winkel ∡*BAD*, ∡*CBA*, ∡*DCB* und ∡*ADC*.

**4** **Geradenkreuzung**

a) Zeichne zwei sich schneidende Geraden und miss die Winkel.
b) Was fällt dir auf?
c) Überprüfe dies an zwei anderen sich schneidenden Geraden.

**5** **Bestimme die Größe des Winkels, den der große Uhrzeiger als 1. Schenkel mit dem kleinen Uhrzeiger als 2. Schenkel einschließt.**

a) um 2 Uhr
b) um 4 Uhr
c) um 7 Uhr
d) um 10 Uhr
e) um 8:30 Uhr
f) um 3:30 Uhr

**6** **Gestreckter Winkel**

Die drei Winkel $\alpha$, $\beta$ und $\gamma$ ergeben zusammen einen gestreckten Winkel. Ergänze die Tabelle.

| | $\alpha$ | $\beta$ | $\gamma$ |
|---|---|---|---|
| a) | 27° | | 71 ° |
| b) | | 90° | 35° |
| c) | 100° | $\beta = \gamma$ | |
| d) | $\alpha = \beta$ | $\beta = \gamma$ | |

**7** **Vollwinkel**

Die drei Winkel $\alpha$, $\beta$ und $\gamma$ ergeben zusammen einen Vollwinkel. Ergänze die Tabelle.

| | $\alpha$ | $\beta$ | $\gamma$ |
|---|---|---|---|
| a) | 137° | 97° | |
| b) | 180° | | 37° |
| c) | $\alpha = \beta$ | | 210° |
| d) | $\alpha = \beta$ | $\beta = \gamma$ | |

# Test Kapitel 5

## 1 Körper, Flächen und Linien

a) Wie heißen die Körper (Schrägbild), Flächen (blau) und Linien (grün)? |5|

b) Welche Körper haben zueinander parallele bzw. zueinander senkrechte Flächen? |5|

c) Welche Körper haben zueinander parallele bzw. zueinander senkrechte Kanten? |5|

d) Welche Flächen sind nicht eben? |3|

e) Welche Körper haben ein Netz aus vier (fünf) Flächen? |2|

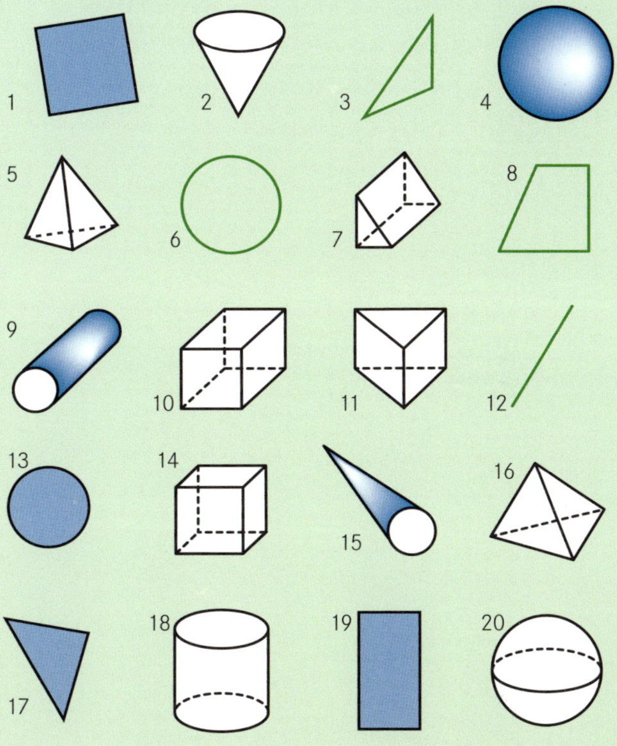


## 2 Netz und Schrägbild

a) Zeichne ein Netz eines Quaders, der 3 cm lang, 2 cm breit und 4 cm hoch ist. |5|

b) Zeichne ein Schrägbild eines Quaders, der 3,5 cm lang, 2 cm breit und 2,5 cm hoch ist. |5|

## 3 Zusammengesetzte Körper

a) Gib jeweils an, aus welchen Grundkörpern sie zusammengesetzt sind. |4|

b) Wie viele Ecken hat jeder Körper? |4|

c) Wie viele Begrenzungslinien hat jeder Körper? |4|

d) Wie viele Begrenzungsflächen hat jeder Körper und wie heißen die Begrenzungsflächen? |4|

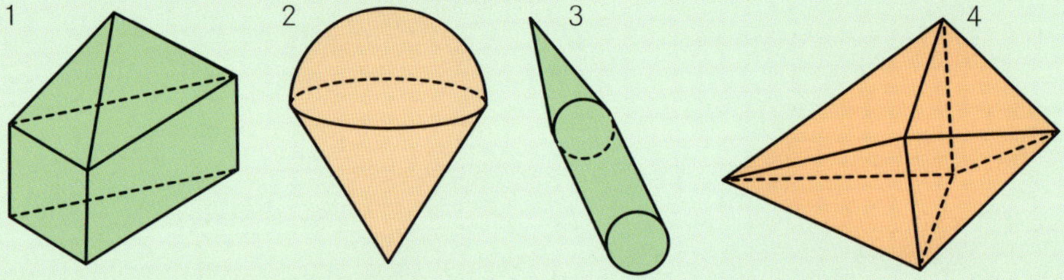


## 4 Arbeiten im Koordinatensystem

a) Zeichne folgende Punkte in ein Koordinatensystem ein: $A(5\,|\,5)$, $B(-3\,|\,5)$, $C(-3\,|\,1)$, $D(5\,|\,1)$, $Z(1\,|\,-3)$. |3|

b) Zeichne $AC$ und $BD$ ein und gib die Koordinaten ihres Schnittpunktes $S$ an. |2|

c) Zeichne die Lotgerade $g$ auf $AC$ durch $Z$ und die Lotgerade $h$ auf $BD$ durch $Z$. |2|

d) Zeichne die Parallele $p$ zu $AC$ durch $D$ und die Parallele $q$ zu $BD$ durch $C$. |2|

e) Trage die Winkel $\sphericalangle CAZ = \alpha$, $\sphericalangle ASB = \beta$, $\sphericalangle BZA = \gamma$ und $\sphericalangle CBA = \delta$ ein und miss sie. |4|

f) Was kann über das Viereck $ABCD$ ausgesagt werden? |2|

g) Zeichne die Kreislinie um $M(1\,|\,0)$ mit Radius $r = 3\,\text{cm}$. |2|

h) Welche Punkte liegen auf $k(M; r)$? |3|

||66||

Wie viele Punkte hast du? Erreichst du mehr als 50 Punkte, beherrschst du den Inhalt des Kapitels wirklich gut. Erreichst du weniger als 32 Punkte, dann solltest du dieses Kapitel wiederholen.

# 6 FLÄCHEN- UND VOLUMENMESSUNG

**Was du am Ende des Kapitels kannst:**

- ▷ Flächen- und Volumenangaben umwandeln und mit ihnen rechnen
- ▷ den Flächeninhalt von ebenen Grundformen (Rechteck, Quadrat, rechtwinkliges Dreieck und Parallelogramm) berechnen
- ▷ den Flächeninhalt bei zusammengesetzten Figuren bestimmen
- ▷ die Oberfläche und das Volumen von Quader und Würfel berechnen
- ▷ das Volumen bei zusammengesetzten Körpern bestimmen

## 6.1 Flächeneinheiten

**Erinnere dich!**

Um eine Fläche auszumessen, nehmen wir als Maßeinheit z. B. ein Quadrat mit der Seitenlänge 1 mm oder 1 cm oder 1 dm oder ...

$1\,m^2$ 1 a 1 ha $1\,km^2$

**So wandelst du Flächeneinheiten um**

Das Quadrat mit der Seitenlänge 1 cm hat den Flächeninhalt $1\,cm^2$ (lies: „*Quadratzentimeter*“). Quadrate mit einer Längeneinheit als Seitenlänge nennt man auch **Einheitsquadrate.** Sie legen eine Flächeneinheit fest.

Ein Quadrat mit der Seitenlänge

| | | | |
|---|---|---|---|
| 1 m | 10 m | 100 m | 1 000 m = 1 km |

hat den Flächeninhalt

| | | | |
|---|---|---|---|
| $1\,m^2$ | 1 a | 1 ha | $1\,km^2$ |
| Quadratmeter | Ar | Hektar | Quadratkilometer |

Und immer gilt: Jeweils 100 Quadrate einer Flächeneinheit füllen das Quadrat der nächstgrößeren Einheit vollständig aus. Es gilt also:

$1\,km^2 = 100\,ha$

$1\,ha = 100\,a$

$1\,a = 100\,m^2$

$1\,m^2 = 100\,dm^2$

$1\,dm^2 = 100\,cm^2$

$1\,cm^2 = 100\,mm^2$

Das 100-fache einer Einheit ergibt immer die nächstgrößere Einheit.

Die **Umrechnungszahl** in die benachbarte Flächeneinheit ist immer **100.**

Beim Wechsel in die **nächstgrößere** Einheit musst du deshalb die Maßzahl durch 100 **dividieren.**

Tipp Division durch 100 bedeutet, dass die Maßzahl zwei Nullen verliert. In der Kommaschreibweise wird das Dezimalkomma um zwei Stellen nach links verschoben.

Beispiele:

$350\,000\,cm^2 = 3\,500\,dm^2 = 35\,m^2 = 0{,}35\,a$;

$5\,218\,400\,m^2 = 52\,184\,a = 521{,}84\,ha = 5{,}2184\,km^2$

Beim Wechsel in die **nächstkleinere** Einheit musst du die Maßzahl mit 100 **multiplizieren.**

Tipp Multiplikation mit 100 bedeutet, dass an die Maßzahl zwei Nullen angehängt werden. In der Kommaschreibweise wird das Dezimalkomma um zwei Stellen nach rechts verschoben.

Beispiele:

$924\,m^2 = 92\,400\,dm^2 = 9\,240\,000\,cm^2 = 924\,000\,000\,mm^2$

$6{,}53\,ha = 653\,a = 65\,300\,m^2 = 6\,530\,000\,dm^2$

Merke Beim Umwandeln der Flächeneinheiten und bei der Angabe in Kommaschreibweise helfen **Einheitentafeln.**
Ist ein Dezimalkomma nötig, so wird es am Übergang zwischen zwei Einheiten gesetzt. Fehlende Nullen müssen dann ergänzt werden.

| ha | | a | | $m^2$ | | $dm^2$ | | $cm^2$ | | $mm^2$ | | |
|---|---|---|---|---|---|---|---|---|---|---|---|---|
| | | | | | | | 1 | 3 | 0 | 0 | 7 | $1\,dm^2\ 30\,cm^2\ 7\,mm^2 = 1{,}3007\,dm^2$ |
| | | | | | 9 | 0 | 5 | | | | | $9\,m^2\ 5\,dm^2 = 9{,}05\,m^2$ |
| | 0 | 2 | 1 | 0 | 4 | 8 | 0 | | | | | $21\,a\ 4\,m^2\ 80\,dm^2 = 21{,}0480\,a = 0{,}210\,480\,ha$ |

**1 Wandle in die nächstgrößere Einheit um. Setze die Umwandlung so weit wie möglich fort.**

a) $840\,000\,mm^2$ b) $7\,500\,dm^2$ c) $506\,000\,m^2$
d) 800 200 a e) 47 500 ha f) $650\,040\,000\,dm^2$

**2 Wandle in die nächstkleinere und in die nächstgrößere Einheit um.**

a) $76\,cm^2$ b) $874\,dm^2$ c) $9\,601\,m^2$ d) 80 000 a
e) 66 ha f) $73\,km^2$ g) $57{,}6\,m^2$ h) $73{,}056\,dm^2$

**3 Wandle in die in Klammern angegebene Einheit um.**

a) 36 ha [$m^2$] b) 86 400 a [$dm^2$] c) $9\,870\,000\,mm^2$ [$m^2$]
d) $45\,dm^2$ [$mm^2$] e) $6\,km^2$ [a] f) $450\,000\,dm^2$ [a]

## Umrechnung zur Angabe in gemischten Einheiten

Man zerlegt so, dass teilweise umgewandelt werden kann.

Beispiel:

| | |
|---|---|
| $673\,dm^2 = 600\,dm^2 + 73\,dm^2$ | Ich zerlege und wandle $600\,dm^2$ um. |
| $= 6\,m^2 + 73\,dm^2$ | Im Ergebnis wird das „+“-Zeichen |
| $= 6\,m^2\ 73\,dm^2$ | weggelassen. |

Das Umwandeln geht schneller, wenn du die Einheitentafel verwendest oder wie bei ihr von **rechts** her die Maßzahl in Zweiergruppen einteilst. Jeder Zweiergruppe wird dann ausgehend von der ursprünglichen Maßeinheit schrittweise die jeweils nächstgrößere Maßeinheit zugeordnet:

| Beispiele: | $km^2$ | ha | a | $m^2$ | |
|---|---|---|---|---|---|
| $3\,349\,504\,m^2 =$ | 3 | 34 | 95 | $04\,m^2$ | $= 3\,km^2\ 34\,ha\ 95\,a\ 4\,m^2$, |

| | $m^2$ | $dm^2$ | $cm^2$ | |
|---|---|---|---|---|
| $870\,535\,cm^2 =$ | 87 | 05 | $35\,cm^2$ | $= 87\,m^2\ 5\,dm^2\ 35\,cm^2$. |

**4** **Schreibe in gemischten Einheiten.**

a) $9\,834\,m^2$ b) $1\,001\,mm^2$ c) $90\,086\,cm^2$

d) $7\,080\,032\,dm^2$ e) $895\,623\,a$ f) $12\,345\,ha$

g) $1\,400\,001\,cm^2$ h) $6\,050\,300\,dm^2$ i) $9\,182\,004\,m^2$

**5** **Wandle in die kleinste vorkommende Einheit um.**

Beispiel: Man kann einen Flächeninhalt, der in gemischten Einheiten angegeben ist, auch in die kleinste vorkommende Einheit umwandeln.

| | |
|---|---|
| $7\,m^2\ 6\,dm^2 = 7\,m^2 + 6\,dm^2$ | Ich wandle die $7\,m^2$ in $dm^2$ um: |
| $= 700\,dm^2 + 6\,cm^2$ | Zwei Nullen anhängen und dann |
| $= 706\,dm^2$ | addieren. |

$12\,a\ 4\,m^2\ 75\,dm^2 = 12\,a + 4\,m^2 + 75\,dm^2$

$= 120\,000\,dm^2 + 400\,dm^2 + 75\,dm^2$

$= 120\,475\,dm^2$

a) 4 a 56 $m^2$ b) 36 $m^2$ 75 $dm^2$ c) 4 $m^2$ 20 $cm^2$
d) 12 $km^2$ 36 a e) 3 $m^2$ 89 $dm^2$ 75 $cm^2$ f) 6 ha 25 a 8 $m^2$

**6** **Wandle in die in Klammern angegebene Einheit um.**

a) 4 $km^2$ 36 ha [a]
b) 76 ha 8 a [$m^2$]
c) 98 $m^2$ 8 $dm^2$ [$cm^2$]
d) 82 $m^2$ 98 $cm^2$ [$mm^2$]
e) 55 a 8 $m^2$ [$cm^2$]
f) 6 $km^2$ 5 a 85 $m^2$ [$cm^2$]

**7** **Große und kleine Flächen**

| | |
|---|---|
| DIN-A4-Blatt: | 624 $cm^2$ |
| Tennisfeld (Doppel): | 260 $m^2$ 76 $dm^2$ |
| Fläche von Europa: | 10 000 000 $km^2$ |
| Oberfläche der Erde: | 510 000 000 $km^2$ |
| Landfläche der Erde: | 149 000 000 $km^2$ |

a) Wie viele DIN-A4-Blätter überdecken ein Tennisfeld?
b) Welcher Anteil der Oberfläche der Erde ist Land bzw. Wasser (Angabe in Prozent)?
c) Welchen Anteil hat Europa an der Erdoberfläche bzw. an der Landfläche der Erde?
d) Suche die Flächen der übrigen Erdteile und ordne sie der Größe nach.

## 6.2 Flächenberechnungen

**Erinnere dich!**

Florians Zimmer ist rechteckig und hat eine Länge von 4 m und eine Breite von 355 cm.
Flächenberechnung: $A_R = a \cdot b = 4\,\text{m} \cdot 355\,\text{cm} = 400\,\text{cm} \cdot 355\,\text{cm}$
$= 142\,000\,\text{cm}^2 = 1\,420\,\text{dm}^2 = 14{,}2\,\text{m}^2$
Florians Zimmer hat einen Flächeninhalt von 14,2 $m^2$.

## So berechnest du Flächeninhalte

Für den **Flächeninhalt $A_R$ eines Rechtecks** mit der Länge $a$ und der Breite $b$ gilt:
$A_R$ = Länge · Breite; $A_R = a \cdot b$
Beispiel: $a$ = 6 cm; $b$ = 3 cm:
Flächeninhalt $A_R = a \cdot b$ = 6 cm · 3 cm = 18 cm$^2$

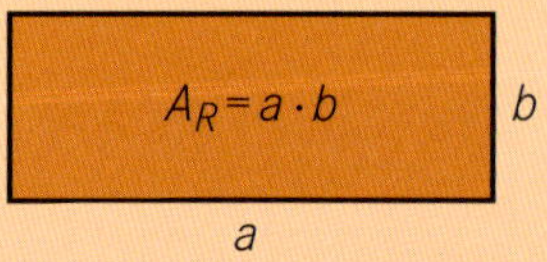


Für den **Flächeninhalt $A_Q$ eines Quadrats** mit der Seitenlänge $a$ gilt:
$A_Q$ = Seitenlänge · Seitenlänge; $A_Q = a \cdot a = a^2$
Beispiel: $a$ = 12 cm: Flächeninhalt $A_Q = a \cdot a$
= 12 cm · 12 cm = 144 cm$^2$

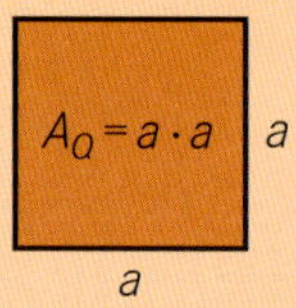


Bei einem **rechtwinkligen Dreieck** ist der Flächeninhalt halb so groß wie der eines Rechtecks, das aus den beiden aufeinander senkrecht stehenden Seiten des Dreiecks gebildet wird.
Beispiel: $A$ = (3 cm · 6 cm) : 2 = 18 cm$^2$ : 2 = 9 cm$^2$

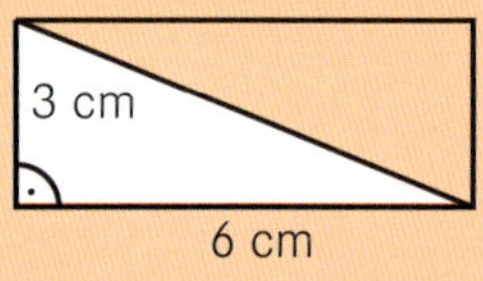


Ein **Parallelogramm** kann man in ein flächengleiches Rechteck verwandeln: Dazu wird auf der einen Seite ein rechtwinkliges Dreieck abgeschnitten und auf der anderen Seite angesetzt.
Beispiel: $A$ = (2 cm · 5 cm) = 10 cm$^2$

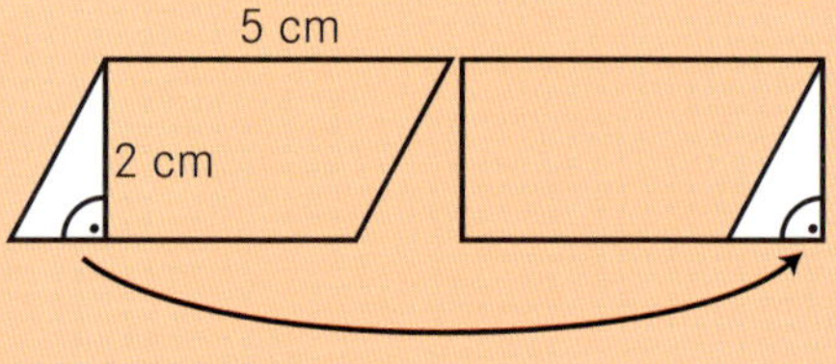


Zum Rechnen müssen die beiden Seitenlängen dieselbe Einheit haben – wo es nötig ist, musst du entsprechend umwandeln. Der berechnete Flächeninhalt hat dann die zugehörige Flächeneinheit:

| Seitenlängen in | mm | cm | dm | m | km |
|---|---|---|---|---|---|
| ergeben einen | | | | | |
| Flächeninhalt in | mm$^2$ | cm$^2$ | dm$^2$ | m$^2$ | km$^2$ |

**1** **Berechne den Flächeninhalt des Rechtecks.**

| | a) | b) | c) | d) | e) |
|---|---|---|---|---|---|
| Länge $a$ | 16 cm | 40 mm | 25 dm | 5 m 4 dm | 450 m |
| Breite $b$ | 11 cm | 12,5 cm | 75 cm | 2 m 25 cm | 265 m |

**2** **Berechne den Flächeninhalt des Quadrats.**

a) $a$ = 14 cm  b) $a$ = 35 dm  c) $a$ = 2 m 90 cm  d) $a$ = 14,3 m

## Berechnung einer Seitenlänge

Aus dem Flächeninhalt und einer Seitenlänge lässt sich für ein Rechteck die andere Seitenlänge berechnen.
**Beispiel:** Rechteck mit Flächeninhalt $A_R = 32\,cm^2$, Länge $a = 8$ cm.
Breite $b$ = Flächeninhalt $A_R$ : Länge $a = 32\,cm^2 : 8\,cm = 4\,cm$.
**Beachte:** Flächeninhalt und Länge müssen in zueinander passenden Einheiten angegeben sein. Du musst also eventuell umrechnen.
**Beispiel:** Rechteck mit Flächeninhalt $A_R = 4\,dm^2$, Breite $b = 8$ cm.
Länge $a$ = Flächeninhalt $A_R$ : Breite $b = 4\,dm^2 : 8\,cm = 400\,cm^2 : 8\,cm = 50\,cm$.

## Und zur Erinnerung

Für den **Umfang eines Rechtecks** gilt:
$u_R = 2 \cdot a + 2 \cdot b = 2 \cdot (a + b)$.

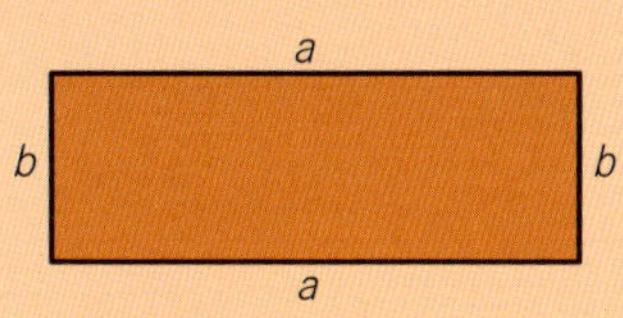


Für den **Umfang eines Quadrats** gilt:
$u_Q = 4 \cdot a$.

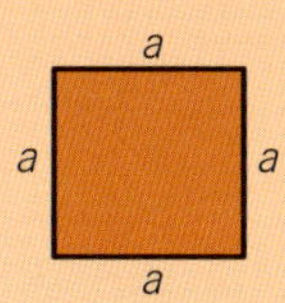

**3 Bei den Angaben für ein Rechteck fehlen Größen. Berechne sie.**

| | a) | b) | c) | d) | e) |
|---|---|---|---|---|---|
| Länge $a$ | 16 cm | 8 dm | ? | 2,5 m | ? |
| Breite $b$ | 8 cm | 15 cm | 16 cm | ? | 350 m |
| Flächeninhalt $A_R$ | ? | ? | 8 dm² | 375 dm² | ? |
| Umfang $u_R$ | ? | ? | ? | ? | 2,5 km |

**4 Berechne die fehlenden Größen für das Quadrat.**

| | a) | b) | c) | d) | e) |
|---|---|---|---|---|---|
| Länge $a$ | 25 mm | 3,5 m | ? | ? | ? |
| Flächeninhalt $A_Q$ | ? | ? | ? | 196 cm² | 4 a |
| Umfang $u_Q$ | ? | ? | 3,2 m | ? | ? |

**5 Gleicher Umfang und unterschiedlicher Flächeninhalt.**

Zeichne alle Rechtecke mit dem Umfang $u_R$ = 24 cm, bei denen die Seitenlängen ganzzahlig sind, und berechne ihren Flächeninhalt.
Wie viele verschiedene Rechtecke findest du?

**6 Rechtwinkliges Dreieck und Rechteck**

a) Verbinde in einem Koordinatensystem (Längeneinheit 1 cm) die Punkte $A(1\,|\,2)$, $B(8\,|\,2)$ und $C(1\,|\,5)$ zu einem rechtwinkligen Dreieck. Bestimme die Längen der zueinander senkrechten Seiten.

b) Ergänze das Dreieck zu einem Rechteck. Welchen Flächeninhalt hat das Dreieck, welchen das Rechteck?

**7 Parallelogramm**

Zeichne ein Parallelogramm, dessen eine Seite 7 cm lang ist und das einen Flächeninhalt von 28 cm² besitzt. Wie viele Möglichkeiten findest du?

## 6.3 Flächeninhalt bei zusammengesetzten Figuren

**Erinnere dich!**

Den Flächeninhalt zusammengesetzter Figuren berechnet man durch **Zerlegung** oder **Ergänzung.**

**Die Zerlegungsmethode**

Man zerlegt die zu berechnende Fläche in einzelne Teilflächen (z. B. Rechtecke) und berechnet deren Flächeninhalt. Anschließend werden die Inhalte der Teilflächen zur Gesamtfläche addiert.

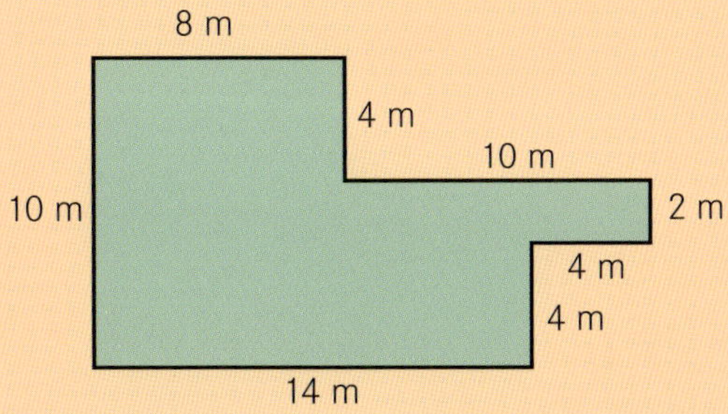


Beispiel: Gesucht ist der Flächeninhalt eines Gartens mit obigem Plan. Die Gesamtfläche wird in Rechtecke zerlegt.

Zerlegung 1:

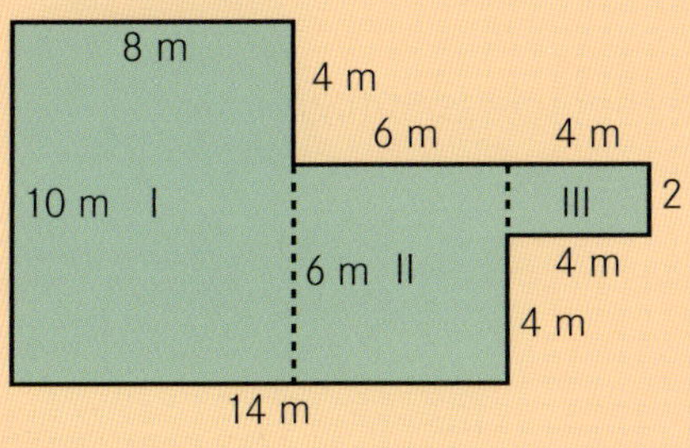


Zerlegung 2:

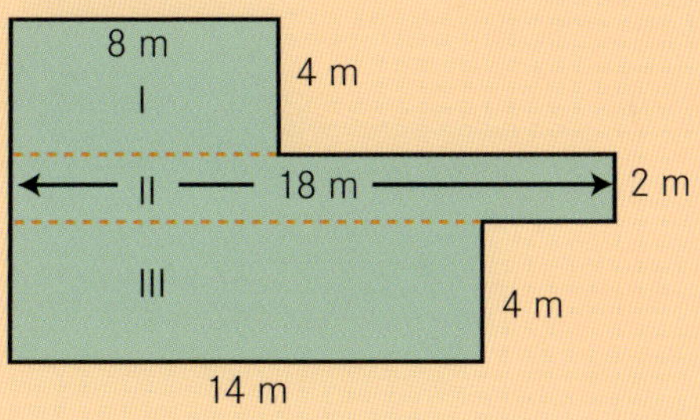


*Berechnung der Teilflächen:* Manche der Seitenlängen müssen dazu erst aus den gegebenen Längen erschlossen werden.

| | |
|---|---|
| $A = A_I + A_{II} + A_{III}$ <br> $= 10\,m \cdot 8\,m + 6\,m \cdot 6\,m + 4\,m \cdot 2\,m$ <br> $= 80\,m^2 + 36\,m^2 + 8\,m^2 = 124\,m^2$ | $A = A_I + A_{II} + A_{III}$ <br> $= 8\,m \cdot 4\,m + 18\,m \cdot 2\,m + 14\,m \cdot 4\,m$ <br> $= 32\,m^2 + 36\,m^2 + 56\,m^2 = 124\,m^2$ |

Beide Zerlegungen führen zum gleichen Ergebnis: Es ist also von der Art der Zerlegung unabhängig.

## Die Ergänzungsmethode

Man ergänzt das zu berechnende Flächenstück zu einem Rechteck. Von dessen Flächeninhalt werden die Flächeninhalte der ergänzten Flächenstücke subtrahiert.

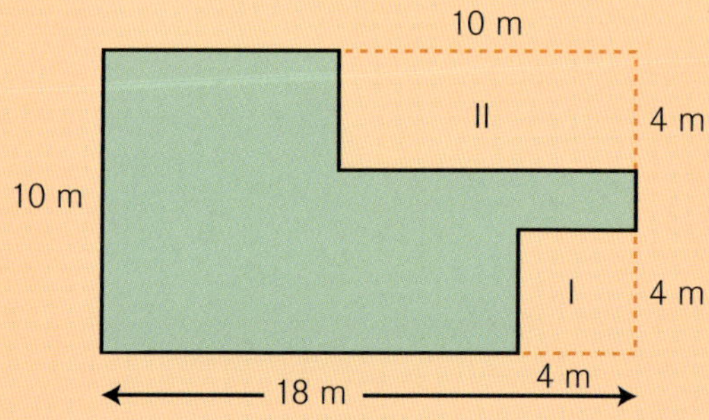


$A = A_R - (A_I + A_{II})$

$= 18\,\text{m} \cdot 10\,\text{m} - (4\,\text{m} \cdot 4\,\text{m} + 10\,\text{m} \cdot 4\,\text{m})$

$= 180\,\text{m}^2 - (16\,\text{m}^2 + 40\,\text{m}^2) = 124\,\text{m}^2$

Da man bei beiden Methoden ja das gleiche Ergebnis erhält, wählst du bei den Aufgaben jeweils den Rechenweg, der dir am günstigsten erscheint.

**1 Bestimme die Flächeninhalte der gezeichneten Figuren.**

Die Maße sind jeweils in cm angegeben. Einige Seitenlängen musst du aus den angegebenen Maßen errechnen. Welche Methode ist günstiger?

a)
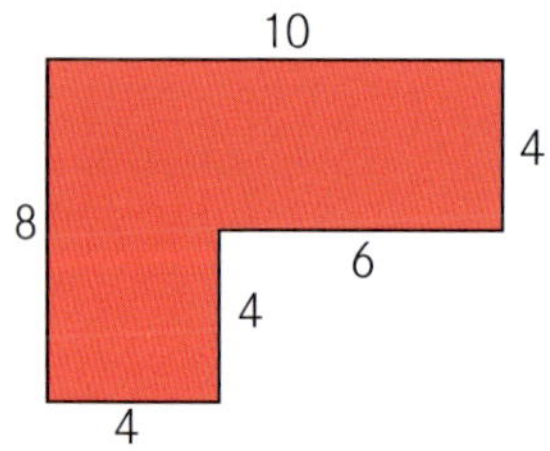


b)
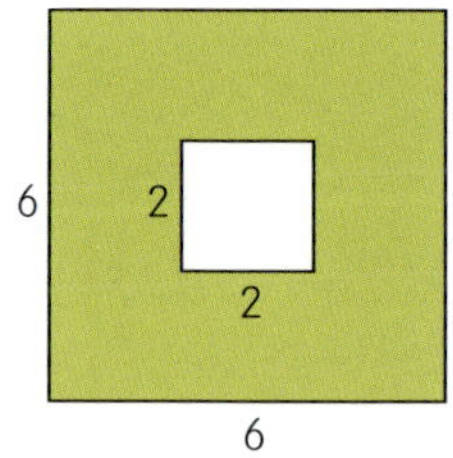


c)
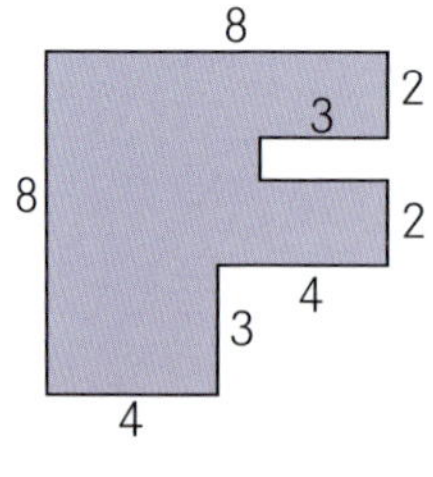


d)
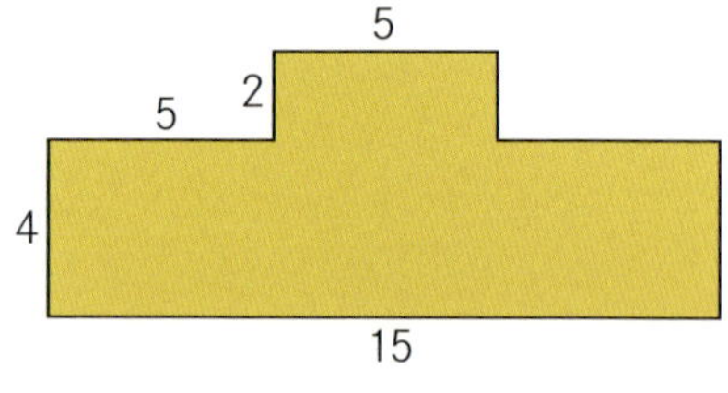

## 6.4 Die Oberfläche von Quader und Würfel

**Erinnere dich!**

Die Oberfläche eines Körpers ist die Summe der Flächeninhalte seiner Begrenzungsflächen (S. 63).

**So berechnest du die Oberfläche**

Die **Oberfläche $O_W$ eines Würfels** mit der Kantenlänge $a$ besteht aus sechs gleichen Quadraten mit der Seitenlänge $a$. Für die Oberfläche des Würfels gilt daher:
$O_W = 6 \cdot a \cdot a = 6 \cdot a^2$.

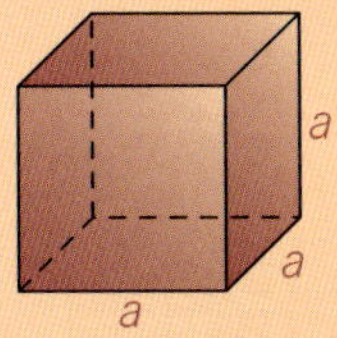


Die **Oberfläche $O_Q$ eines Quaders** besteht aus sechs Rechtecken, die paarweise gleich sind.

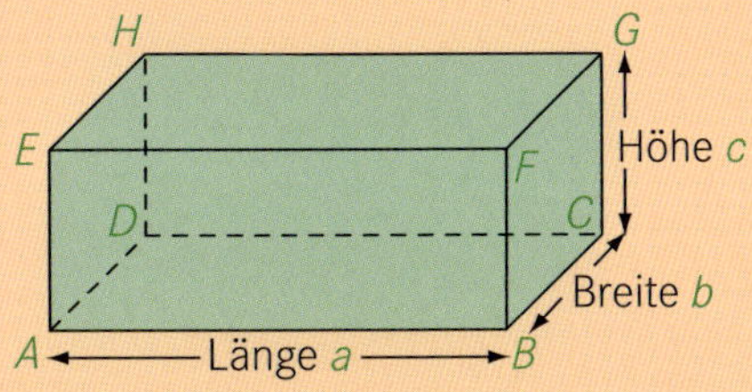


Für die Oberfläche des Quaders gilt daher:
$O_Q = 2 \cdot \text{Grundfläche} + 2 \cdot \text{vordere Seitenfläche} + 2 \cdot \text{rechte Seitenfläche}$
$O_Q = 2 \cdot a \cdot b + 2 \cdot a \cdot c + 2 \cdot b \cdot c$

Beachte  Ist ein Körper aus Würfeln und Quadern zusammengesetzt, werden bei der Berechnung der Oberflächen alle außenliegenden Flächenstücke der Teilkörper einzeln berechnet und addiert.

**1** **Berechne die Oberfläche eines Würfels mit der Kantenlänge *a*.**

a) $a = 4\,\text{cm}$  b) $a = 5\,\text{dm}$  c) $a = 5{,}3\,\text{cm}$  d) $a = 7\,\text{dm}\ 5\,\text{cm}$

**2** **Berechne die Oberfläche eines Quaders mit den gegebenen Maßen.**

| | a) | b) | c) | d) |
|---|---|---|---|---|
| Länge *a* | 5 dm | 3 m | 25 cm | 2 m |
| Breite *b* | 2 dm | 2,5 m | 12 cm | 5 dm |
| Höhe *c* | 3 dm | 2 m | 8 dm | 1,5 m |

**3** **Berechne die Oberfläche des Körpers. Alle Maßangaben sind in cm angegeben.**

a)

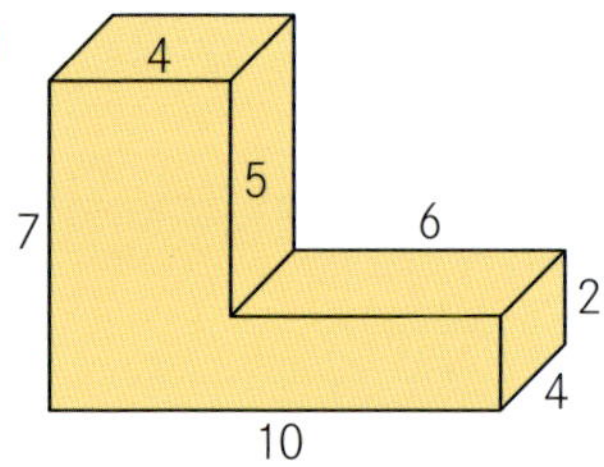


b)

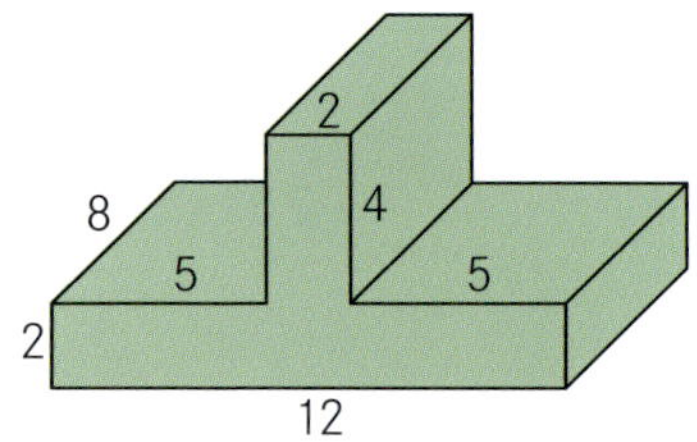


## 6.5 Volumeneinheiten

**Erinnere dich!**

Als Vergleichsgröße für den Rauminhalt oder das **Volumen** verwendet man **Einheitswürfel**, bei denen die Kantenlänge genau 1 Längeneinheit ist: also 1 mm oder 1 cm oder 1 dm oder ...

1 mm³ 1 cm³ 1 dm³ = 1 Liter 1 m³

## So wandelst du Volumeneinheiten um

Der Würfel mit der Kantenlänge 1 cm hat das Volumen 1 $cm^3$ (lies: *„Kubikzentimeter"*). Und immer gilt: Jeweils 1 000 Würfel einer Volumeneinheit füllen den Würfel der nächstgrößeren Einheit vollständig aus. Es gilt also:

$1\,m^3 = 1000\,dm^3$

$1\,dm^3 = 1000\,cm^3$

$1\,cm^3 = 1000\,mm^3$

Das 1 000fache einer Einheit ergibt immer die nächstgrößere Einheit.

Ausnahme: $1\,km^3 = 1\,000\,000\,000\,m^3 = 1\,000 \cdot 1\,000 \cdot 1\,000\,m^3$

Die **Umrechnungszahl** in die benachbarte Flächeneinheit ist immer **1 000.**

Beim Wechsel in die **nächstgrößere** Einheit musst du deshalb die Maßzahl durch 1 000 **dividieren.**

Tipp Division durch 1 000 bedeutet, dass die Maßzahl drei Nullen verliert. In der Kommaschreibweise wird das Dezimalkomma um drei Stellen nach links verschoben.

Beispiele:

$8\,000\,cm^3 = 8\,dm^3 = 0{,}008\,m^3$;

$170\,000\,000\,mm^3 = 170\,000\,cm^3 = 170\,dm^3 = 0{,}17\,m^3$

Beim Wechsel in die **nächstkleinere** Einheit musst du die Maßzahl mit 1 000 **multiplizieren.**

Tipp Multiplikation mit 1000 bedeutet, dass an die Maßzahl drei Nullen angehängt werden. In der Kommaschreibweise wird das Dezimalkomma um drei Stellen nach rechts verschoben.

Beispiele:

$4\,m^3 = 4\,000\,dm^3 = 4\,000\,000\,cm^3 = 4\,000\,000\,000\,mm^3$;

$5{,}83\,m^3 = 5\,830\,dm^3 = 5\,830\,000\,cm^3$

Merke Beim Umwandeln der Flächeneinheiten und bei der Angabe in Kommaschreibweise helfen **Einheitentafeln.**
Ist ein Dezimalkomma nötig, so wird es am Übergang zwischen zwei Einheiten gesetzt. Fehlende Nullen müssen dann ergänzt werden.

| $m^3$ | | | $dm^3$ | | | $cm^3$ | | | $mm^3$ | | | |
|---|---|---|---|---|---|---|---|---|---|---|---|---|
| | | | | | 1 | 2 | 0 | 3 | 0 | 5 | 5 | $1\,dm^3\ 203\,cm^3\ 55\,mm^3 = 1{,}203055\,dm^3$ |
| | | 9 | 0 | 5 | 0 | | | | | | | $9\,m^3\ 50\,dm^3 = 9{,}05\,m^3$ |
| | | 0 | 0 | 1 | 4 | 8 | 0 | 0 | | | | $14\,dm^3\ 800\,cm^3 = 0{,}0148\,m^3$ |

Weiter werden noch die Einheiten 1 Liter (1 l), ein Hektoliter (1 hl) und 1 Milliliter (1 ml) verwendet.
Für sie gelten: $1\,l = 1\,dm^3 = 1\,000\,ml$, $1\,hl = 100\,l$, $1\,ml = 1\,cm^3$.
Die Vorsilbe „hekto" bedeutet 100 und „milli" Tausendstel.

| hl | | | l | | ml | | | |
|---|---|---|---|---|---|---|---|---|
| | | | 3 | 5 | 3 | 9 | 5 | 35 395 ml = 35,395 l |
| | 2 | 9 | 5 | 1 | 4 | 0 | 0 | 2 951 400 ml = 2 951,4 l = 29,514 hl |

**1 Wandle (eventuell mehrmals) in die nächstgrößere Einheit um.**

a) $37\,000\,mm^3$ b) $47\,000\,cm^3$ c) $2\,050\,000\,dm^3$
d) $70\,040\,000\,cm^3$ e) $32\,650\,000\,000\,cm^3$

**2 Wandle in die nächstkleinere und in die nächstgrößere Einheit um.**

a) $37\,cm^3$ b) $458\,dm^3$ c) $2\,202\,m^3$
d) $7\,500\,m^3$ e) $6\,006\,dm^3$ f) $7\,km^3$

## Umwandlung in eine größere Einheit ohne Dezimalschreibweise

Man zerlegt so, dass teilweise umgewandelt werden kann. Im Ergebnis stehen dann gemischte Einheiten.

Beispiel:

$4\,155\,dm^3 = 4\,000\,dm^3 + 155\,dm^3$ Ich zerlege und wandle $4\,000\,dm^3$ um.

$= 4\,m^3 + 155\,dm^3$ Im Ergebnis wird das „+“-Zeichen

$= 4\,m^3\;155\,dm^3$ weggelassen.

Tipp Das Umwandeln geht schneller, wenn du die Einheitentafel verwendest oder wie bei ihr von **rechts** her die Maßzahl in Dreiergruppen einteilst. Jeder Dreiergruppe wird dann ausgehend von der ursprünglichen Maßeinheit schrittweise die jeweils nächstgrößere Maßeinheit zugeordnet.

Beispiel:

| | $dm^3$ | $cm^3$ | $mm^3$ | |
|---|---|---|---|---|
| $30\,407\,043\,mm^3 =$ | 30 | 407 | $043\,mm^3$ | $= 30\,dm^3\;407\,cm^3\;43\,mm^3$ |

**3** **Schreibe in gemischten Einheiten.**

a) $8\,432\,cm^3$ b) $3\,004\,dm^3$ c) $240\,387\,mm^3$ d) 4 387 l

**4** **Wandle in die kleinste vorkommende Einheit um.**

Beispiel: Umgekehrt kann man ein Volumen, das in gemischten Einheiten angegeben ist, auch in die kleinste vorkommende Einheit umwandeln.

$6\,m^3\;975\,dm^3 = 6\,m^3 + 975\,dm^3$ Ich wandle die $m^3$ in $dm^3$ um.

$= 6\,000\,dm^3 + 975\,dm^3$ 3 Nullen anhängen und dann

$= 6\,975\,dm^3$ addieren.

a) $1\,m^3\;730\,dm^3$ b) $400\,dm^3\;25\,cm^3$ c) $6\,m^3\;370\,dm^3\;40\,cm^3$

d) $75\,dm^3\;15\,mm^3$ e) $4\,m^3\;5\,cm^3$ f) $47\,m^3\;1\,dm^3\;65\,mm^3$

## 6.6 Volumenberechnungen

**Erinnere dich!**

$V_Q = a \cdot b \cdot c$ und $V_W = a^3$

**So berechnest du das Volumen**

Für das **Volumen $V_Q$ eines Quaders** mit der Länge *a,* Breite *b* und Höhe *c* gilt:
$V_Q$ = Länge · Breite · Höhe; $\boldsymbol{V_Q = a \cdot b \cdot c}$.
Beispiel: $a = 8\,\text{cm}$; $b = 6\,\text{cm}$; $c = 4\,\text{cm}$

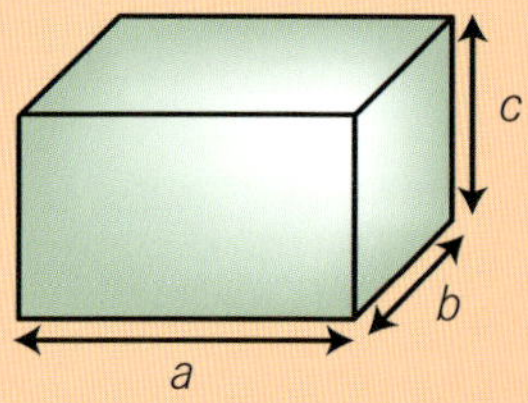


Volumen $V_Q = a \cdot b \cdot c = 8\,\text{cm} \cdot 6\,\text{cm} \cdot 4\,\text{cm} = 192\,\text{cm}^3$

Beachte

Länge, Breite und Höhe sind in der gleichen Längeneinheit angegeben.

Für das **Volumen $V_W$ eines Würfels** mit der Kantenlänge *a* gilt:
$V_W$ = Kantenlänge · Kantenlänge · Kantenlänge;
$\boldsymbol{V_W = a \cdot a \cdot a = a^3}$.
Beispiel: $a = 5\,\text{cm}$; Volumen $V_W = a \cdot a \cdot a = a^3 = (5\,\text{cm})^3 = 125\,\text{cm}^3$

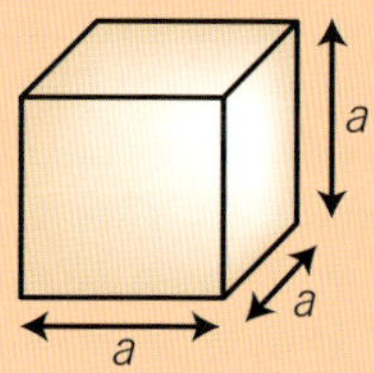


Das **Quadervolumen** kann auch **aus Grundfläche und Höhe** berechnet werden: Da das Produkt aus Länge *a* und Breite *b* gleich der Grundfläche *G* des Quaders ist, gilt auch:
$V_Q$ = Grundfläche · Höhe; $\boldsymbol{V_Q = G \cdot h}$.
Beispiel: Grundfläche $G = 48\,\text{cm}^2$; Höhe $h = 4\,\text{cm}$:
Volumen $V_Q = G \cdot h = 48\,\text{cm}^2 \cdot 4\,\text{cm} = 192\,\text{cm}^3$

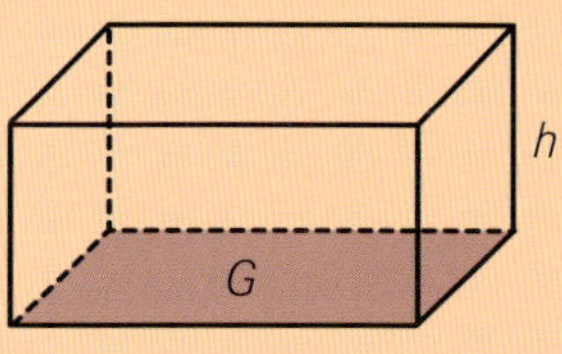

Als **Umkehrung der Volumenformel** $V_Q = G \cdot h$ gilt beim Quader:
Grundfläche $G$ = Volumen : Höhe; $\boldsymbol{G = V_Q : h}$
Höhe $h$ = Volumen : Grundfläche; $\boldsymbol{h = V_Q : G}$

Beispiele:

Gegeben: Volumen $V_Q = 400\,cm^3$; Grundfläche $G = 50\,cm^2$; für die Höhe $h$ gilt dann: $h = V_Q : G = 400\,cm^3 : 50\,cm^2 = 8\,cm$.
Gegeben: Volumen $V_Q = 650\,dm^3$; Höhe $h = 13\,dm$; für die Grundfläche $G$ gilt dann: $G = V_Q : h = 650\,dm^3 : 13\,dm = 50\,dm^2$.

Merke Flächeneinheit und Längeneinheit müssen zueinander passen. Die Maßzahlen werden dann miteinander multipliziert. Das Ergebnis erhält die zugehörende Volumeneinheit.

Also: Flächeneinheit · Längeneinheit = Volumeneinheit

$1\,mm^2 \cdot 1\,mm = 1\,mm^3$
$1\,cm^2 \cdot 1\,cm = 1\,cm^3$
$1\,dm^2 \cdot 1\,dm = 1\,dm^3$
$1\,m^2 \cdot 1\,m = 1\,m^3$

**1 Berechne das Volumen des Quaders aus Länge, Breite und Höhe.**

| | a) | b) | c) | d) | e) |
|---|---|---|---|---|---|
| Länge $a$ | 12 cm | 35 dm | 4 m | 2 dm 5 cm | 45 dm |
| Breite $b$ | 9 cm | 25 dm | 25 dm | 1,5 dm | 4 m |
| Höhe $c$ | 15 cm | 18 dm | 2 m | 6 cm | 1,25 m |

**2 Berechne das Volumen des Würfels aus der Kantenlänge und runde.**

| | a) | b) | c) | d) | e) |
|---|---|---|---|---|---|
| Kantenlänge $a$ | 11 cm | 24 dm | 1,5 m | 2 dm 5 cm | 15,5 cm |

**3** **Berechne das Volumen des Quaders aus Grundfläche und Höhe.**

| | a) | b) | c) | d) | e) |
|---|---|---|---|---|---|
| Grundfläche $G$ | $420\,cm^2$ | $600\,dm^2$ | $4\,dm^2$ | $6\,m^2\,25\,dm^2$ | $4{,}07\,m^2$ |
| Höhe $h$ | 30 cm | 1 m 5 dm | 25 cm | 40 dm | 1,5 m |

**4** **Berechne die jeweils fehlenden Größen des Quaders.**

| | a) | b) | c) | d) |
|---|---|---|---|---|
| Länge $a$ | 12 cm | 6 dm | ? | ? |
| Breite $b$ | 5 cm | ? | 10,5 cm | 1 dm |
| Höhe $h$ | ? | 45 cm | ? | ? |
| Grundfläche $G$ | ? | $48\,dm^2$ | $84\,cm^2$ | $1\,m^2$ |
| Volumen $V_Q$ | $600\,cm^3$ | ? | $2{,}52\,dm^3$ | $1\,m^3$ |
| Oberfläche $O_Q$ | ? | ? | ? | ? |

## 6.7 Volumen zusammengesetzter Körper

**Erinnere dich!**

Ist ein Körper aus Quadern zusammengesetzt, so kann sein Volumen nach zwei Methoden berechnet werden.
**Zerlegungsmethode:** Man zerlegt den zu berechnenden Körper in einzelne Quader und berechnet deren Rauminhalt. Anschließend werden die Rauminhalte der Teilkörper addiert.
**Ergänzungsmethode:** Man ergänzt den zu berechnenden Körper zu einem ganzen Quader. Von dessen Volumen subtrahiert man dann die Rauminhalte der ergänzten Quader.

## Die Zerlegungsmethode

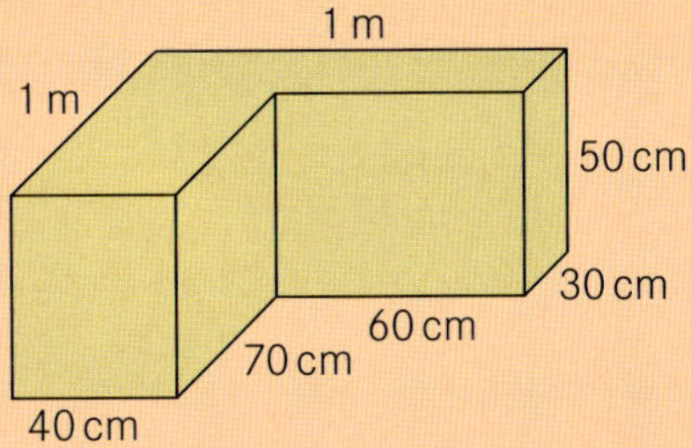


Zur Volumenberechnung wird die Kiste in zwei Teilquader zerlegt.

Zerlegung 1:

$V = V_I + V_{II}$

$= 1\,\text{m} \cdot 40\,\text{cm} \cdot 50\,\text{cm}$

$+ 60\,\text{cm} \cdot 30\,\text{cm} \cdot 50\,\text{cm}$

$= 100 \cdot 40 \cdot 50\,\text{cm}^3 + 60 \cdot 30 \cdot 50\,\text{cm}^3$

$= 200\,000\,\text{cm}^3 + 90\,000\,\text{cm}^3$

$= 290\,000\,\text{cm}^3 = 290\,\text{dm}^3$

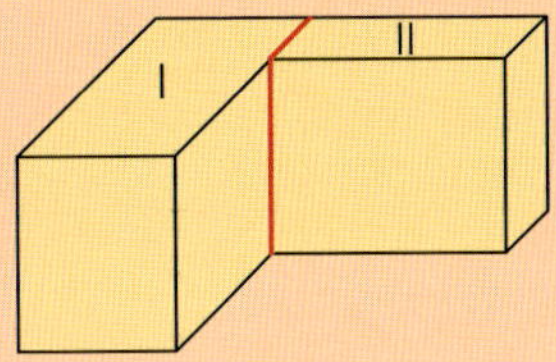


Zerlegung 2:

$V = V_I + V_{II}$

$= 1\,\text{m} \cdot 30\,\text{cm} \cdot 50\,\text{cm} + 70\,\text{cm} \cdot 40\,\text{cm} \cdot 50\,\text{cm}$

$= 100 \cdot 30 \cdot 50\,\text{cm}^3 + 70 \cdot 40 \cdot 50\,\text{cm}^3$

$= 150\,000\,\text{cm}^3 + 140\,000\,\text{cm}^3$

$= 290\,000\,\text{cm}^3 = 290\,\text{dm}^3$

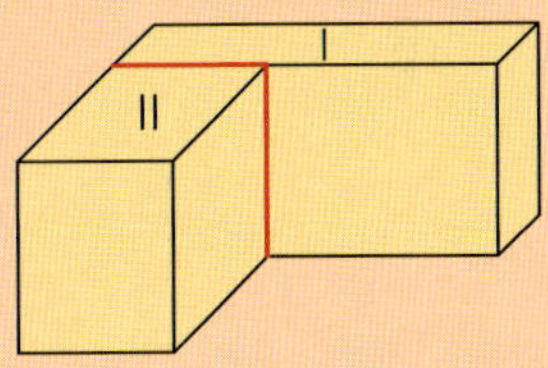


Beide Zerlegungen führen zum gleichen Ergebnis. Es ist also unabhängig von der Art der Zerlegung.

## Die Ergänzungsmethode

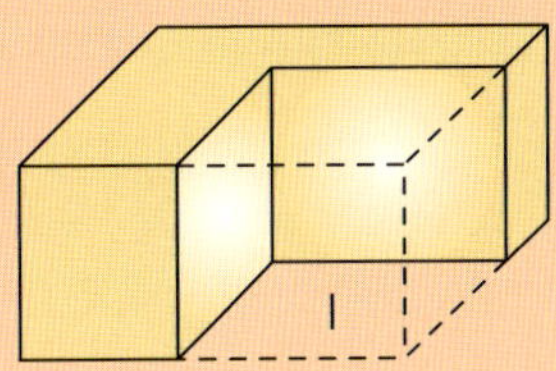


Zur Volumenberechnung wird die Kiste zu einem großen Quader ergänzt.

$V = V_Q - V_I$

$= 1\,\text{m} \cdot 1\,\text{m} \cdot 50\,\text{cm} - 60\,\text{cm} \cdot 70\,\text{cm} \cdot 50\,\text{cm}$

$= 100 \cdot 100 \cdot 50\,\text{cm}^3 - 60 \cdot 70 \cdot 50\,\text{cm}^3$

$= 500\,000\,\text{cm}^3 - 210\,000\,\text{cm}^3 = 290\,000\,\text{cm}^3 = 290\,\text{dm}^3$

Beachte Welche Methode als die geeignetere erscheint, wird anhand der Aufgabenstellung entschieden.

**1 Berechne das Volumen des Körpers.**

Berechne die fehlenden Kantenlängen aus den gegebenen Größen. Die Maße sind jeweils in cm angegeben.

a)

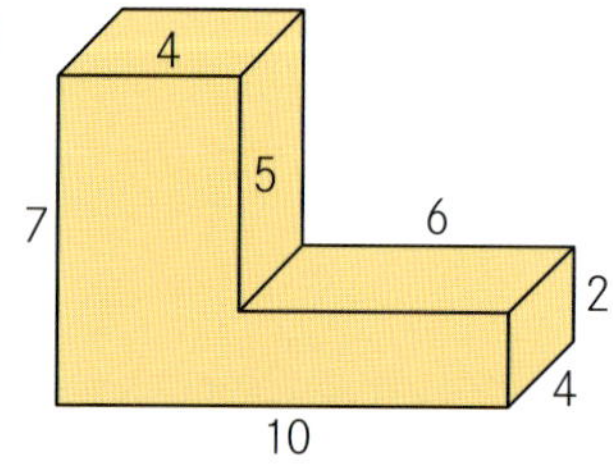


b)

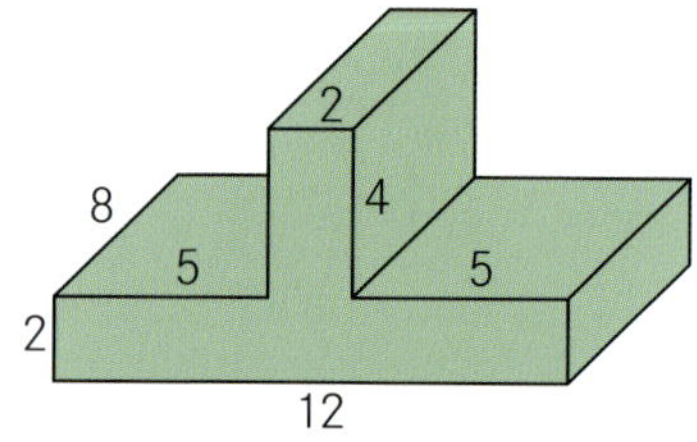


c)

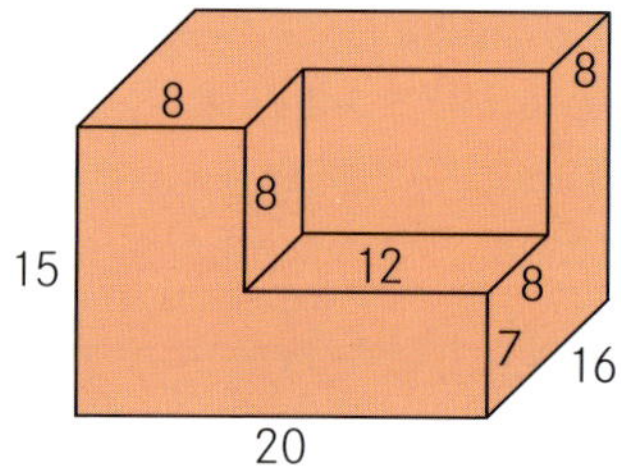


d)

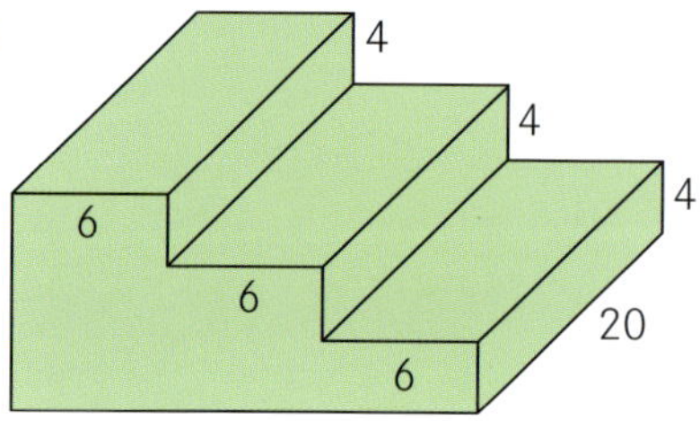


## Test Kapitel 6

**1 Umrechnung von Flächeneinheiten**

a) Wandle in die nächstkleinere bzw. nächstgrößere Einheit um:
45 000 $cm^2$ 76 ha 9 008,8 $dm^2$ |6|

b) Rechne in die in Klammern angegebene Einheit um:
87 635 $dm^2$ [$m^2$] 25 015 005 285 $mm^2$ [$dm^2$] |2|

**2 Berechne jeweils die Oberfläche.**

a) Quader mit den Kantenlängen $a$ = 15 cm, $b$ = 10 cm, $c$ = 30 cm |2|

b) Würfel mit der Kantenlänge $a$ = 12 cm |1|

**3 Berechne den Flächeninhalt der Figur.**

Die Maßangaben beziehen sich auf die Einheit cm. Wähle den Rechenweg, der dir günstiger erscheint. |5|

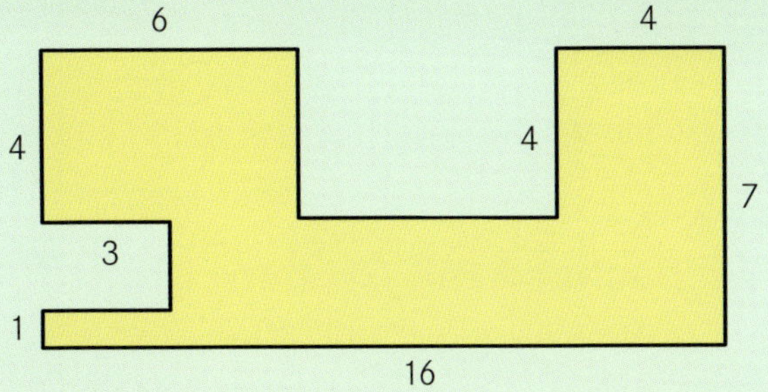


**4 Umrechnung von Volumeneinheiten**

Wandle jeweils in die in Klammern angegebene Einheiten um:

a) 4 760 000 $cm^3$ [$dm^3$ und $m^3$] |2|

b) 37 $m^3$ [$cm^3$ und hl] |3|

**5 Berechne das Volumen.**

a) Quader mit $a = 5\,m$, $b = 3\,m$, $c = 2\,m$ |1|

b) Würfel mit $a = 15\,cm$ |1|

**6 Berechne das Volumen des Körpers.**

Die Maßangaben beziehen sich auf die Einheit cm. Wähle den Rechenweg, der dir günstiger erscheint. |5|

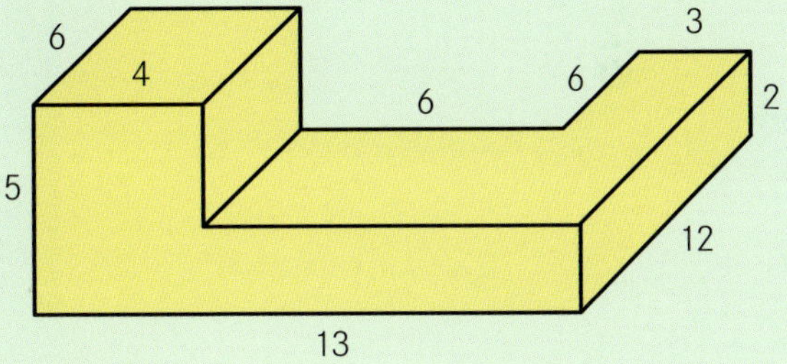


||28||

Wie viele Punkte hast du? Erreichst du mehr als 22 Punkte, beherrschst du den Inhalt des Kapitels wirklich gut. Erreichst du weniger als 13 Punkte, dann solltest du dieses Kapitel wiederholen.

# 7 SACHAUFGABEN

**Was du am Ende dieses Kapitels kannst:**

- ▷ mit Größen rechnen
- ▷ Gleichungen aufstellen und lösen
- ▷ Lösungsstrategien für Sachaufgaben anwenden

## 7.1 Rechnen mit Größen

**Erinnere dich!**

5 m + 34 cm = 500 cm + 34 cm = 534 cm; 1 m · 2 m = 2 $m^2$;
7 t – 4 365 kg = 7 000 kg – 4 365 kg = 2 635 kg; 15 h : 3 = 5 h

**Addition und Subtraktion mit Größen**

Zum Addieren bzw. Subtrahieren müssen die Größen in der **gleichen Einheit** vorliegen. Sie müssen also eventuell erst umgewandelt werden. Dann werden jeweils die Maßzahlen addiert bzw. subtrahiert und mit der gemeinsamen Einheit versehen.
Sind die Größen in **gemischten Einheiten** angegeben, so kann man eine solche Summe bzw. Differenz auf zwei Arten berechnen.
1. Methode: Wandle zuerst in die gleiche Einheit um und addiere bzw. subtrahiere dann. Schreibe das Ergebnis wieder in gemischten Einheiten.
Beispiel: 3 m 86 cm 5 mm + 37 cm 3 mm = 3 865 mm + 373 mm
= 4 238 mm = 4 m 23 cm 8 mm
Beim diesem Rechenweg musst du sicher umwandeln können. Oft erhältst du beim Umwandeln in die kleinere Einheit auch relativ große Zahlen.
2. Methode: Addiere bzw. subtrahiere die einzelnen Teile mit der jeweils gleichen Einheit gesondert. Wandle am Ende noch in die übliche Schreibweise um.

Beispiel:

386 cm 5 mm + 37 cm 3 mm = 3 m + 86 cm + 5 mm + 37 cm + 3 mm
= 3 m + (86 cm + 37 cm) + (5 mm + 3 mm) = 3 m + 123 cm + 8 mm
= 3 m + 1 m 23 cm + 8 mm = 4 m 23 cm 8 mm

Wer hier sicher rechnet, kann kürzer so schreiben:

3 m 86 cm 5 mm + 37 cm 3 mm = 3 m 123 cm 8 mm = 4 m 23 cm 8 mm

So sparst du dir das Umrechnen in eine kleinere Einheit. Deswegen kannst du oft mit relativ kleinen Zahlen leicht im Kopf rechnen. Dafür musst du am Ende manchmal noch in die übliche Schreibweise umwandeln.

Merke Beide Methoden führen zum selben Ergebnis.

Sind die Größen in **Kommaschreibweise** angegeben, müssen die Kommas exakt untereinander stehen. Rechnest du nebeneinander, füllst du mit Nullen auf gleich viele Stellen hinter den Kommas auf.

Beispiel:

2,760 km
0,295 km
3,800 km
6,855 km

2,760 km + 0,295 km + 3,800 km = 6,855 km

**1 Addiere.**

a) 1 m 75 cm 8 mm + 24 cm 1 mm
b) 8 km 55 m + 12 km 950 m
c) 8 kg 972 g + 42 kg 75 g
d) 77 t 850 kg + 145 t 500 kg
e) 6 h 32 min 55 s + 4 h 44 min 15 s
f) 4 h 16 min 12 s + 8 h 43 min 48 s

**2 Subtrahiere.**

a) 66 kg 155 g - 32 kg 95 g
b) 17 t 884 kg - 9 t 79 kg
c) 1 m 55 cm 9 mm - 14 cm 6 mm
d) 9 h 24 min 36 s - 7 h 18 min 17 s
e) 75 km 850 m - 56 km 970 m
f) 16 m 6 dm 7 cm - 4 m 4 dm 9 cm
g) 1 h 39 min 15 s - 49 min 44 s
h) 85 kg 350 g - 69 kg 595 g

**3** **Berechne und gib das Ergebnis mit gemischten Einheiten an.**

a) 5t 550kg – 2t 575kg
b) 4km 480m + 5km 730m
c) 4t 650kg + 7t 865kg
d) 3km 570m – 1km 395m
e) 4m 8cm 5mm + 7dm 3cm
f) 2h 45min + 30min
g) 6h 32min – 4h 25min
h) 7h 33min – 4h 48min

**4** **Berechne und gib das Ergebnis in der größten Einheit an.**

a) 87kg 425g – 52,880kg
b) 4km 36m – 2580m
c) 6m 80cm – 137cm
d) 3kg 50g – 1,750kg
e) 3,45m – 1m 90cm
f) 3m 86cm 5mm + 37cm 3mm
g) 4m 373mm + 3m 8dm 6cm 5mm

**5** **Berechne und gib das Ergebnis in Kommaschreibweise an.**

a) 3,42km + 4 038m
b) 3m 45cm – 1,9m
c) 4km 36m – 2,58km
d) 4m 7cm + 2,85 m
e) 6,8m – 137cm
f) 87kg 425g – 52,88kg
g) 1t 50kg + 3,7t
h) 3,5kg – 1kg 75g
i) 3kg 50g – 1,75kg

**6** **Berechne.**

a) 83t 300kg + 50,8t + 15 750kg + 2,5t

b) 12h + 3h 45min + $\frac{1}{2}$h

c) 5m 18cm – 2,22m – 175cm

## Multiplikation und Division mit Größen

Multiplizierst oder dividierst du eine Größe mit einer Zahl, so erhältst du eine Größe gleicher Art. Dividierst du zwei Größen gleicher Art, erhältst du eine Zahl. Multiplizierst du Größen oder dividierst du Größen verschiedener Art, so erhältst du Größen einer anderen Art. (Dies ist jedoch nicht immer sinnvoll!)
Ist eine Größe in gemischten Einheiten oder in Kommaschreibweise gegeben, so ist es in der Regel sinnvoll, auf eine Einheit mit ganzzahliger Maßzahl umzuwandeln. Bei der Multiplikation und Division gleichartiger Größen müssen gleiche Einheiten vorliegen.

Beispiele:

$2\,m\ 40\,cm \cdot 3 = 240\,cm \cdot 3 = 720\,cm$;
$2{,}4\,m : 12 = 240\,cm : 12 = 20\,cm$;
$1\,m \cdot 20\,cm = 10\,dm \cdot 2\,dm = 20\,dm^2$;
$24\,m : 2\,m = 12$;
$100\,m : 10\,s = 10\,\frac{m}{s}$;
$60\,\frac{km}{h} \cdot 2\,h = 120\,km$.

**7 Multipliziere.**

a) 1,29 € · 5
b) 2 € 55 Cent · 6
c) 3 € 9 Cent · 20
d) 2 kg 250 g · 3
e) 2 m 75 cm · 4
f) 4 h 25 min · 4

**8 Dividiere.**

a) 1,29 € : 3
b) 2 € 55 Cent : 5
c) 2 m 75 cm : 5
d) 2 kg 250 g : 5
e) 2,4 km : 6
f) 4 h 25 min : 5

**9 Berechne.**

a) 4 m · 6 m
b) 2 km : 100 m
c) 1,2 m · 50 cm
d) 1,05 m : 21 cm
e) $15\,m^2 : 3\,m$
f) 180 km : 3 h

## 7.2 Gleichungen

**Erinnere dich!**

Gleichungen entstehen z. B. aus Zahlenrätseln.

**So löst du ein Zahlenrätsel**

Sebastian ist recht unaufmerksam mit seinem Mathematikheft umgegangen. Auf einer Seite sind nur noch Teile der Rechnung zu erkennen:

Wenn wir die fehlenden Zahlen herausfinden wollen, dann fragen wir:

Welche Zahl hat Sebastian zu 82 addiert und dabei 175 erhalten?

Von welcher Zahl hat Sebastian 77 subtrahiert und dabei 130 erhalten?

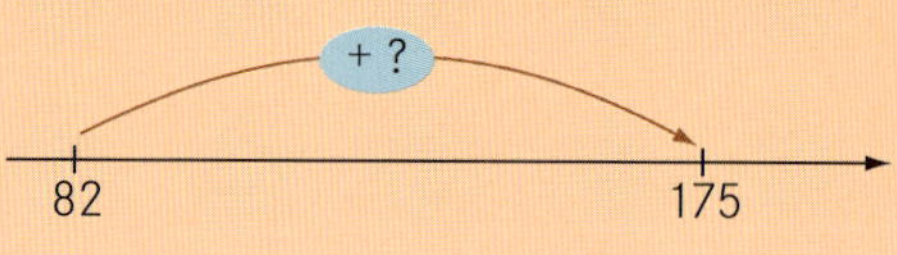


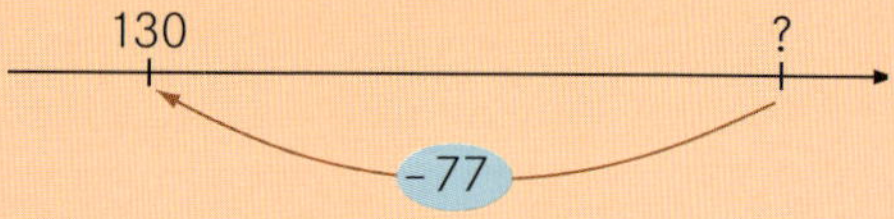


Setzt du $x$ für die unbekannte Zahl, lauten die zugehörigen Gleichungen:

$82 + x = 175$; $x - 77 = 130$;

Zur Lösung der Gleichungen rechnest du die Probe für die gesuchte Zahl $x$:

$x = 175 - 82$; $x = 130 + 77$

$x = 93$; $x = 207$

Bei Multiplikation und Division rechnest du entsprechend.

Beispiele:

| | | |
|---|---|---|
| $28 \cdot x = 196;$ | $x : 27 = 3;$ | $135 : x = 27;$ |
| $x = 196 : 28;$ | $x = 27 \cdot 3;$ | $x = 135 : 27;$ |
| $x = 7;$ | $x = 81;$ | $x = 5.$ |

**1 Löse die Gleichung.**

a) $450 - x = 210$  b) $308 + x = 625$  c) $x + 945 = 1\,125$

d) $x - 124 = 444$  e) $210 \cdot x = 1\,680$  f) $4\,000 : x = 250$

g) $x : 61 = 8$  h) $256 : x = 8$  i) $x \cdot 17 = 289$

**2 Löse das Zahlenrätsel.**

a) Welche Zahl muss ich zu 238 addieren, um 762 zu erhalten?
b) Von welcher Zahl muss ich 529 subtrahieren, um 495 zu erhalten?
c) Welche Zahl muss ich von 1 722 subtrahieren, um 811 zu erhalten?
d) Von welcher Zahl muss ich die Summe der Zahlen 145 und 298 subtrahieren, um 741 zu erhalten?
e) Welche Zahl muss ich zur Differenz der Zahlen 1 250 und 583 addieren, um die Summe der Zahlen 291 und 964 zu erhalten?

**3 Erfinde zu jeder Gleichung der Aufgabe 1 ein Zahlenrätsel.**

**4 Löse das Zahlenrätsel.**

a) Welche Zahl muss ich mit 26 multiplizieren, um 312 zu erhalten?
b) Welche Zahl muss ich durch 44 dividieren, um 22 zu erhalten?
c) Durch welche Zahl muss ich 1 605 dividieren, um 321 zu erhalten?
d) Durch welche Zahl muss ich das Produkt aus $12^2$ und 55 dividieren, um 60 zu erhalten?
e) Welche Zahl muss ich mit dem Quotienten der Zahlen 1 920 und 24 multiplizieren, um das Produkt aus $2^5$ und 15 zu erhalten?

**5 Löse die Gleichung (Vorsicht negative Zahlen!).**

a) $5 - x = -7$
b) $10 + x = 3$
c) $x + 45 = 25$
d) $x - 24 = -14$
e) $21 \cdot x = -63$
f) $400 : x = -25$
g) $x : 61 = -8$
h) $-256 : x = 8$
i) $x \cdot (-17) = 289$

## 7.3 Lösungsstrategien für Sachaufgaben

**Erinnere dich!**

Bei Sachaufgaben besteht die Schwierigkeit oft darin, den Text bzw. die Fragestellung in einen mathematischen **Ansatz** zu übertragen. Erst dann kannst du rechnen.

**Bei der Übertragung…**

… können folgende Überlegungen hilfreich sein:

- Lies den Text genau.
- Stelle dir die beschriebene Situation möglichst genau vor.
- Erstelle gegebenenfalls zur Veranschaulichung eine Zeichnung.
- Suche für die vorkommenden Größen passende Begriffe und schreibe die gegebenen Größen heraus.
- Überlege genau, was gesucht ist, und bezeichne die gesuchte Größe mit einem passenden Begriff.
- Überlege, wie die gegebenen und die gesuchten Größen zusammenhängen. Vielleicht gibt es eine Berechnungsformel.
- Überprüfe deinen Ansatz, ob er auch sinnvoll ist.
- Mache nach der Rechnung die Probe. Überprüfe auch, ob dein Ergebnis zur Aufgabenstellung passt und nach deiner Erfahrung stimmen kann.
- Schreibe einen Antwortsatz.

An einer Beispielaufgabe wird dargestellt, wie Sachaufgaben systematisch gelöst werden können. Viele Rechnungen können dabei im Kopf erledigt werden; hier ist alles aufgeschrieben, damit alle Überlegungen nachvollzogen werden können.

Beispiel: Ein Lieferwagen darf mit 1 t 500 kg beladen werden. Im Wagen befinden sich schon 15 Säcke Kartoffeln zu je 50 kg und 30 Kisten mit Gemüse zu je 15 kg. Wie viele Säcke Zwiebeln zu je 20 kg können noch zugeladen werden?

| | | |
|---|---|---|
| Gegeben: | Gesamtgewicht: | 1 t 500 kg |
| | Gewicht der Kartoffeln: | $15 \cdot 50\,\text{kg}$ |
| | Gewicht der Gemüsekisten: | $30 \cdot 15\,\text{kg}$ |
| | Gewicht eines Zwiebelsacks: | 20 kg |

Gesucht: Anzahl der Zwiebelsäcke

Lösung: (Zunächst in einzelnen Schritten mit Überlegungen)

▶ Wie viel wurde bereits aufgeladen?
$15 \cdot 50\,\text{kg} + 30 \cdot 15\,\text{kg} = 750\,\text{kg} + 450\,\text{kg} = 1\,200\,\text{kg}$

▶ Wie viel kann noch zugeladen werden? Dazu wird von der erlaubten Zuladung das gesamte Gewicht der bereits aufgeladenen Säcke und Kisten subtrahiert:
$1\,\text{t}\ 500\,\text{kg} - 1\,200\,\text{kg} = 1\,500\,\text{kg} - 1\,200\,\text{kg} = 300\,\text{kg}$

▶ Wie viele Zwiebelsäcke ergeben 300 kg? $300\,\text{kg} : 20\,\text{kg} = 15$

In einem **Gesamtterm** werden die Rechenschritte zusammengefasst:

$[1\,\text{t}\ 500\,\text{kg} - (15 \cdot 50\,\text{kg} + 30 \cdot 15\,\text{kg})] : 20\,\text{kg} =$

$[1\,\text{t}\ 500\,\text{kg} - (750\,\text{kg} + 450\,\text{kg})] : 20\,\text{kg} =$

$[1\,\text{t}\ 500\,\text{kg} - 1\,200\,\text{kg}] : 20\,\text{kg} = 300\,\text{kg} : 20\,\text{kg} = 15$

Antwort: Es können noch 15 Zwiebelsäcke aufgeladen werden.

**1 Bea kauft ein: Schokolade für 1,09 €, Plätzchen für 4,59 € und Gummibärchen für 2,60 €. Sie zahlt mit zwei 5-€-Scheinen und bekommt fünf Münzen zurück. Welche?**

**2** Andreas plant sein neues Zimmer. An die 3,82 m lange Wand möchte er neben den 1,87 m breiten Schrank und das 95 cm breite Bett einen Schreibtisch stellen. Wie breit darf der Schreibtisch höchstens sein? Fertige auch eine maßstäbliche Zeichnung an.

**3** Tanja hat für ihre Geburtstagsfeier von ihren Eltern 20 € und von der Patentante 15 € bekommen.
Sie kauft mit ihrer Freundin Pia ein:
Am Abend wollen sie noch Pizza essen. Eine Familienpizza kostet 12,50 €, die Pizza Spezial 6,50 €.
Was können sie noch bestellen?

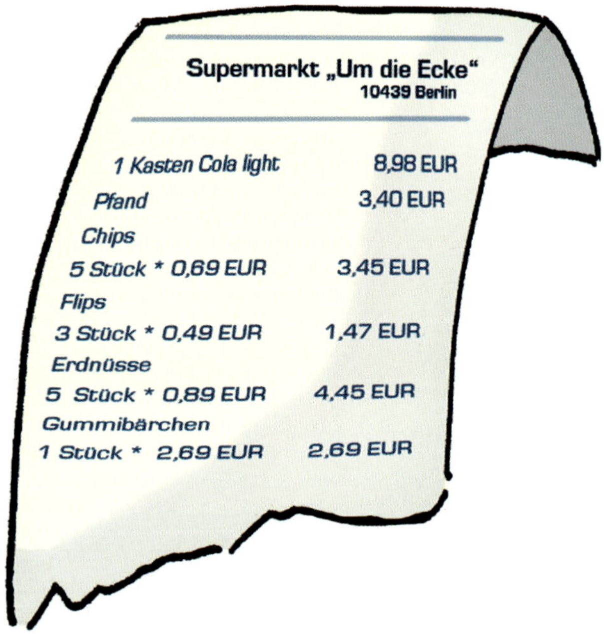


**4** Die 25 Schüler der Klasse 5e planen eine Klassenfahrt mit drei Übernachtungen in einer 45 km entfernte Jugendherberge. Eine Übernachtung mit Verpflegung kosten pro Schüler 15,50 €. Das Busunternehmen berechnet für die Hin- und Rückfahrt 380 €. Wie viel muss jeder Schüler zahlen, wenn pro Schüler noch 5,50 € für Eintritte hinzukommen.

**5** Herr Schnell ist mit seinem PKW auf der Autobahn unterwegs. An der nächsten Autobahntankstelle tankt er seinen 5-l-Tank voll. Ein Liter Benzin kostet 1,449 €. Er zahlt mit einem 100-€-Schein und erhält 26,83 € zurück. Hätte er ohne zu tanken bis zur 60 km entfernten Tankstelle in seinem Heimatort fahren können, wenn sein Auto 9,5 l auf 100 km verbraucht?

# Test Kapitel 7

**1 Berechne und gib das Ergebnis mit gemischten Einheiten an.**

a) 2 m 55 cm + 1 m 75 cm |1|
b) 4 km 480 m – 2 km 730 m |1|
c) 4 kg 650 g + 2,85 kg |1|
d) 3,2 km – 1 950 m |1|

**2 Berechne.**

a) 83,30 € + 50,80 € + 157,50 € |1|

b) $5\frac{1}{2}$ h – 3 h 47 min |1|

c) 1,5 l – 0,75 l – 0,33 l |1|

d) 4 m 84 cm – 1,27 m – 275 cm |1|

**3 Berechne.**

a) 4 m · 50 cm |1|
b) 2 m · 3,5 m |1|
c) 2 m : 50 cm |1|
d) 3,5 kg : 7 |1|
e) 126 km : 2 h |1|
f) 15 m² : 2,5 m |1|

**4 Löse das Zahlenrätsel.**

a) Welche Zahl musst du von 257 subtrahieren, um 176 zu erhalten? |2|
b) Welche Zahl musst du mit 13 multiplizieren, um 221 zu erhalten? |2|
c) Durch welche Zahl musst du 405 dividieren, um 27 zu erhalten? |2|

**5 Löse die Sachaufgabe.**
Bernd unternimmt in den Ferien an Ostern eine Radtour. Vor der Abfahrt zeigt sein Kilometerzähler 2 357 km an. Am ersten Tag fährt er 34 km, am zweiten Tag 37 km und am dritten Tag sogar 41 km. Nach dem vierten Tag zeigt der Kilometerzähler 2 505 km an. Wie lang war die Radtour insgesamt und wie viele Kilometer hat Bernd am vierten Tag zurückgelegt? |6|

**||26||**

Wie viele Punkte hast du? Erreichst du mehr als 20 Punkte, beherrschst du den Inhalt des Kapitels wirklich gut. Erreichst du weniger als 12 Punkte, dann solltest du dieses Kapitel wiederholen.

## VERZEICHNIS DER ZEICHEN UND ABKÜRZUNGEN

| Bedeutung | Bezeichnung in diesem Buch | abweichende Bezeichnungen in anderen Büchern |
|---|---|---|
| Menge der natürlichen Zahlen | $\mathbb{N} = \{0; 1; 2; 3; ...\}$ | |
| Menge N ohne Null | | $\mathbb{N} = \{1; 2; 3; ...\}$ |
| | | $\mathbb{N}^* = \{1; 2; 3; ...\}$ |
| Menge der ganzen Zahlen | $\mathbb{Z} = \{...; -2; 1; 0; 1; 2; ...\}$ | |
| ... ist Element von ... | $\in$ | |
| ... ist nicht Element von ... | $\notin$ | |
| Leere Menge | { } | ø |
| Strecke von A nach B | $\overline{AB}$ | $[AB]$ |
| Länge der Strecke AB | $\overline{AB}$ | $\lvert AB \rvert$ |
| Halbgerade, Strahl | $[AB$ | $\lvert AB$, $AB$ |
| Gerade *AB* | $AB$ | |
| *A* liegt auf *g* | $A \in g$ | |
| *A* liegt nicht auf *g* | $A \notin g$ | |
| Schnittmenge von *g* und *h* | $g \cap h$ | |
| Menge, die den Punkt *S* enthält | $\{S\}$ | |
| Kreislinie um den Mittelpunkt *M* mit dem Radius *r* | k($M$; $r$) | |
| Durchmesser eines Kreises | $d$ | |
| *g* senkrecht zu *h* | $g \perp h$ | |
| *g* parallel zu *h* | $g \parallel h$ | |
| Rechter Winkel | ⦜ | |
| Winkelbezeichnung mit Schenkel | $\sphericalangle(g, h)$ | |
| Winkelbezeichnung mit Punkten | $\sphericalangle ACB$ | |
| Punkt mit x = 5 und y = 3 | P(5 \| 3) | P(5; 3) |
| Längeneinheit | LE | |
| Umfang | $u$ | |
| Flächeninhalt | $A$ | $A_0$ |
| Oberfläche | $O$ | |
| Volumen, Rauminhalt | $V$ | |